面向综合集成技术的电力系统能效评估应用与实践

解　佗　张　刚　张靠社　编著

中国电力出版社

CHINA ELECTRIC POWER PRESS

内 容 提 要

本书结合电力系统电源侧、电网侧、需求侧能效评估的理论与方法，立足实际应用，开展电力系统能效评估的应用和实践。书中介绍的案例都配有相关仿真系统，能够帮助读者学习和巩固电力系统能效评估的相关知识，进一步了解电力系统能效评估这一领域。全书内容主要包括概论、基于综合集成技术的能效平台及开发模式构建、电源侧水电厂和火电厂的能效评估应用案例、电网及电网设备全寿命周期能效评估应用案例、高载能企业节能计算及能效评估和需求侧负荷响应及柔性控制应用案例等。

本书对各地政府能效主管部门、相关企业、行业协会的研究人员及从事电力系统节能工作人员系统、全面地了解电力系统能效评估技术具有一定的参考价值，也可作为高等院校电力专业研究生的参考用书。

图书在版编目（CIP）数据

面向综合集成技术的电力系统能效评估应用与实践/解佗，张刚，张靠社编著. —北京：中国电力出版社，2024.8

ISBN 978-7-5198-8768-1

Ⅰ. ①面… Ⅱ. ①解… ②张… ③张… Ⅲ. ①电力系统－电能效率－评估 Ⅳ. ①TM92

中国国家版本馆 CIP 数据核字（2024）第 062554 号

出版发行：中国电力出版社
地　　址：北京市东城区北京站西街 19 号（邮政编码 100005）
网　　址：http://www.cepp.sgcc.com.cn
策划编辑：周　娟
责任编辑：杨淑玲（010-63412602）
责任校对：黄　蓓　王海南
装帧设计：赵丽媛
责任印制：杨晓东

印　　刷：三河市百盛印装有限公司
版　　次：2024 年 8 月第一版
印　　次：2024 年 8 月北京第一次印刷
开　　本：787 毫米×1092 毫米　16 开本
印　　张：10.5
字　　数：262 千字
定　　价：58.00 元

编辑委员会

前　言

能源是我国的战略基础，电能作为最重要的二次能源是不可缺少的，目前我国的主要电力能源来自消费煤炭，煤炭为不可再生能源，在燃烧的过程中会排放诸多污染物，成为近年来雾霾天气的主要推手。

节能减排是我国一直坚持的重要方针，"十一五"以来，电力行业通过优化电力结构、推进技术进步、提升减排能力等一系列措施在节能减排方面取得了很好的成效。能效评估是促进节能减排的重要手段，通过能效评估，促使企业提高管理水平，更换节能设备，从而提高能效水平。对于发电企业，提高能效水平、间接地多发电、降低生产成本成为电力市场竞价的优势；对于电网企业，提高能效水平可以提高利润，增大收益；对于参与能效评估的高载能企业，提高能效水平可以降低企业成本，使企业在市场中有更强的竞争能力。

作者结合在电力企业和高校的双重工作经验，针对电力企业和大型电力用户能效评估工作，将多年研究成果与应用仿真经验进行整理，为广大从事电力系统节能相关领域的科研工作者和高校研究生提供参考。

本书共 8 章，其中第 1 章为概论；主要讲述能效评估仿真平台的建设及业务开发模式；第 2 章为基于综合集成技术的能效平台及开发模式构建；第 3~5 章讲述了水电厂、火电厂、电网能效评估计算及应用案例；第 6 章讲述了电网设备全寿命周期能效评估计算及应用案例；第 7 章讲述了高载能企业节能量计算及能效评估应用案例；第 8 章讲述了需求侧负荷响应及柔性控制应用案例。本书以能效评估平台为支撑，对电力系统能效评估理论进行仿真实践，力求思路新颖，方法得当，为电力系统能效评估提供参考。

本书由解伫、张刚和张靠社编著。第 1 章由张靠社编写，第 2~7 章由解伫编写，第 8 章由张刚编写，解伫、张刚负责全书统稿。

本书是西安理工大学和国网甘肃省电力公司节能降损实验室众多科研人员多年研究成果的集成，在编写过程中，得到了解建仓教授的指导和关怀，得到了张永进教授的技术支持，国网甘肃省电力公司电力科学研究院的高工王维洲、刘福潮、张建华、李正远、邵冲、韩永军、彭晶、华夏、岳林等为本书编写提出了宝贵的意见和建议；张蕾、崔盼、陈僖、李芳锋、武萌、吴瑶帮助统稿老师做了汇稿、绘图、查错等工作，在此表示衷心的感谢。

希望本书的出版能对我国的电力系统能效评估技术发展有所裨益。但限于作者水平，书中不足之处在所难免，欢迎广大读者批评指正。

编著者

2024 年 8 月

于西安理工大学

目　　录

第1章 概 论

党的十九大报告指出，要推进能源生产和消费革命，构建清洁低碳、安全高效的能源体系。2017 年中央经济工作会议提出，要增加清洁电力供应，促进节能环保、清洁生产、清洁能源等绿色产业发展。当前，我国电力系统调节灵活性欠缺、电网调度运行方式较为僵化等现实造成了系统难以完全适应新形势要求，大型机组难以发挥节能高效的优势，部分地区出现了较为严重的弃风、弃光和弃水问题，区域用电用热矛盾突出。为实现我国提出的 2020 年、2030 年非化石能源消费比重分别达到 15%、20% 的目标，保障电力安全供应和民生用热需求，需着力提高电力系统的调节能力及运行效率，从负荷侧、电源侧、电网侧多措并举，重点增强电力系统的灵活性和适应性，破解新能源消纳难题，推进绿色能源发展。

1.1 电力系统能效评估的必要性及意义

我国是一个发展中国家，能源相对匮乏，人均能源资源占有量不到世界平均水平的一半。同时，我国是世界上第二大能源消耗国。随着国民经济的高速发展，对能源的需求也不断增长。而石油、煤炭等不可再生资源却日渐枯竭，在资源不足的情况下，我国还存在能源利用率低下和无节制的资源浪费现象。我国目前能源效率比国际先进水平低 10%，能源密集产品单位耗能平均比国际先进水平高 45%，由此引起的环境污染和资源枯竭问题已日趋严重。因此如何实现节能和高效利用现有能源已成为当务之急。据测算，如果将全国能源效率提高 1%，就可以节约能源费 130 亿元。作为一种适用范围最广、使用最方便的清洁能源，电能的可持续发展已成为国民经济持续健康发展的重要基础。

2019 年 11 月 13 日，国际能源署在巴黎总部发布的《世界能源展望 2019》对全球能源市场、技术发展最新数据与能源行业发展问题的分析，指出在低碳技术不断发展的情况下，电力需求将以整体能源需求的两倍速度增长。2021 年 9 月 24 日，经国务院同意，国家发展和改革委员会发布了《完善能源消费强度和总量双控制度方案》，要推动形成优势互补高质量发展的区域经济布局，完善能源消费双控制度；也要加快节能提效，推动碳达峰碳中和目标的实现，强化生态文明建设。这些对我国优化能源资源配置、提高能效水平、优化能源结构具有重要意义。

能效服务是电力企业的新型营销业务，建设国家电网公司能效服务体系是电网公司主动承担社会责任、服务经济社会发展大局的具体行动；建设能效服务体系，发展这一型新型业务对提高电网公司经济效益和节能减排的社会效益具有现实意义。目前，我国能效测评与监测试验工作进展缓慢，尚未得到模式化推广应用。开展用能客户的能效测评与监测试验是保证合同能源管理项目的关键。而且社会上大部分能效测评工作仅针对单台用能设备开展，而对于用能系统的能效测评与评估工作开展较少。在用能企业生产活动过程中消耗的能源种类多样化，单一能源效率评估无法反映企业实际的用能效率，需要全面、系统地考虑，并且在实际生产运行过程中，高效的用能设备在整个用能系统中的效率非常低，因此系统节能工作意义重大。

1.2 电力系统能效评估的基本概念

1.2.1 能效评估的定义

能效评估是对能源利用和消耗进行评估分析的过程，旨在评估和优化能源使用情况，为能源管理和合理配置提供依据。能效评估的目的是提高能源利用效率，减少资源浪费，降低能源成本，推动能源可持续发展。电力系统能效评估[1-2]是在发电、输送电力和使用电力的过程中对能源利用效率进行评估和分析的过程，即通过收集、整理和分析相关数据，评估能源消耗情况、发现能源浪费问题，并提出节能改进措施。该评估旨在实现能源的高效利用、降低能源成本，同时减少环境影响，促进可持续发展。通过能效评估，可以优化能源利用，提高经济效益，并在竞争中更具优势。电力系统能效评估主要针对电源侧、电网侧和负荷侧进行评估。

电厂能效评估[3]是指对电厂能源消耗量及其用能系统效率等性能指标进行计算、监测，并给出其所处水平的活动。通过对水电厂、火电厂的能效评估，可以了解整个电厂的能源消耗水平和电厂各个生产环节的能源消耗状况，可以促使电厂对能源利用率低的环节进行技术改造，从而提高能源利用率。能效评估不仅可以提高电厂的能源利用率和经济效益，也对建立节能、低碳社会具有重大意义。

作为电力输送的主要载体，电网关系着电力资源在全国范围内优化配置，也为电能的可靠利用提供重要保障。通过推广应用新技术、新设备、新工艺，实现资源的高效利用，以提高电网输送能力、降低电网输电损耗。目前，为建设坚强、自愈的智能电网，国家电网有限公司推广应用节能型非晶合金配电变压器、单相配电变压器供电方式，通过中压配电网升压改造，限制淘汰中压 6kV、高压 35kV 电压等级，以优化电网电压等级，加装晶闸管浪涌电流限制器（TSC）、晶闸管控制电抗器（TCR）、静止无功发生器（SVG）等新型无功补偿装置和 APF 等消谐滤波装置；强制淘汰落后、低效、高耗设备，并大力加强节能技术改造，实现节能技术改造与基本建设、科技投入有机结合，提高生产效率，加大科技创新，促进节能减排，为实现国家节能减排的目标发挥中流砥柱的作用。

高载能企业是节能技术发展和创新的主要需求来源和应用载体，因此负荷侧电力能效评估工作的开展主要围绕高载能企业来进行。高载能企业是用能大户，我国的高载能企业在生产过程中，除了采用通用节电技术以外，主要还在于工艺环节的节电效率和损耗情况，其蕴藏着很大的节能潜力。从高载能企业的耗能来看，电力的消耗量占整个工艺的绝大部分，如何对高载能企业进行电力能效评估，给出企业具体的节能措施，是企业最需要的。

1.2.2 能效评估的方法

1. 能源管理系统方法

能源管理系统方法是一种综合的方法，旨在帮助组织有效管理和提升能源使用效率。通过详细地评估组织的能源消耗情况和能源需求，可以确定具体的节能潜力和可改进的领域，制订能源管理的目标和计划，确立明确的目标和方向，并制定相应的能源管理策略。通过采取有效的节能措施，如设备升级、工艺优化、能源监测等，以减少能源消耗和提高能源效率。

同时，实施定期的能源监测和评估，便于及时识别并解决能源浪费和效率低下的问题。再通过定期审查和分析能源管理的结果和效果，制定调整和改进策略及措施，以实现持续的能源效率提升。

采用能源管理系统的方法，可以全面了解和管理其能源消耗，从而降低成本、减少环境影响，并建立可持续的能源管理体系。企业实施能源管理系统，旨在提高能源利用效率和减少能源损失。通过建立数据监测与分析平台，安装智能电表和数据采集系统，能实时监测和记录各个供电节点的能源消耗情况，及时发现能源消耗过程中的问题，并采取相应的改进措施。这种方法有助于提高能源利用效率，降低能源损失，并推动企业能源管理的持续改进。

2. 能源指标与报告方法

能源指标与报告方法是一种系统的方法，用于有效监控和评估组织的能源消耗情况，并推动能源管理的改进。通过制订具体的能源指标，企业可以量化和衡量能源消耗的效率和性能。这些能源指标可以是能源消耗比、能源密集度、能源单位产出等，根据组织的特点和需求进行选择和制订，并定期编写能源报告。这些能源报告包括对能源消耗情况的详细分析、对前一期报告的比较和趋势分析以及可能存在的改进机会的识别。通过能源报告，企业可以全面了解能源消耗的情况，发现能源管理的短板，并制订相应的措施来提高能源效率和减少能源浪费。通过能源指标与报告方法，组织能够实时监控和评估能源消耗情况，持续提升能源管理水平。

例如，输电公司通过实施能源指标与报告方法，旨在实时监控和改进能源消耗情况。在这一方法中，设立了能源消耗比作为关键指标，并定期对各个供电线路的能源消耗进行统计和分析。通过统计和分析能源消耗数据，可以定量地了解每个供电线路的能源消耗水平，从而发现能源消耗较高的线路，并识别潜在的改进机会，使其能够采取针对性的措施，调整运行参数、优化设备的使用和维护等，以降低能源消耗并提高能效。同时，定期制作能源报告也使企业跟踪能源消耗的变化趋势，并评估能效改进措施的有效性，为能源管理的持续改进提供数据支持和指导。

3. 能源模型和仿真方法

能源模型可以建立对能源系统的数学描述，包括能源供应、能源转换、能源消耗等方面的变量和关系。通过考虑能源流动、能源转化效率、能源损耗等因素，能够准确地描述能源系统的运行。对能源模型进行仿真实验，可以模拟不同能效改进措施的应用和效果。调整设备参数、改进工艺流程、应用节能技术等，可以分析不同措施对能源利用效率的影响。通过模拟不同方案下的能源消耗、二氧化碳排放量、生产效率等指标的变化，可以评估不同改进措施的效果。

例如，锅炉是火力发电厂中的关键设备之一，其燃烧效率对能源利用效率有着重要影响。通过能源模型可以进行仿真实验，比如调整燃烧温度、氧气供应等参数，以评估不同节能措施对锅炉燃烧效率的改进效果。通过模拟不同的运行情况，可以得出最佳的控制策略，提高锅炉的燃烧效率和能源利用效率。此外，还可以用于评估其他节能措施的效果，如电动机的能效改进、热回收系统的应用等。通过建立对应的数学模型，进行仿真实验，可以定量评估不同节能措施对能源利用效率和经济性的影响，为发电厂的能效改进和优化提供科学的依据。

1.2.3 能效评估的工具

选择适合的能效评估工具需要考虑企业的需求、数据的可用性、技术要求和预算等因素。

建议企业在选择工具时综合考虑其功能、易用性、支持服务以及用户评价等因素，以确保能够达到预期的能效评估目标[4]。

（1）能源管理系统软件。能源管理系统软件是能效评估中常用的工具之一，它可以帮助企业进行能源数据采集、监控和分析，实时监测能源消耗情况，识别能源浪费和改进机会，如 ENERGY STAR Portfolio Manager、Ener NOC、Schneider Electric 等。

（2）数据分析和可视化工具。数据分析和可视化工具可以帮助企业对能源消耗数据进行分析和可视化展示。这些工具能提供数据处理、图表绘制、数据模式识别等功能，帮助企业发现能源消耗的规律和潜在的节能改进点，如 Microsoft Power BI、Tableau、Excel 等。

（3）能源模型和仿真软件。能源模型和仿真软件可以通过建立数学模型和进行虚拟实验来评估不同的能效改进措施对能源利用效率的影响。这些软件通常基于物理原理和统计模型，可以模拟并预测系统的能源消耗和性能，如 Energy Plus、TRNSYS、Simulink 等。

1.3 电力系统能效评估研究现状

1.3.1 电源侧能效评估

目前，水电厂、火电厂的能效评估存在诸多弊端，例如，能效数据不能实时更新、不能进行实时能效评估、能效评估不系统不全面、能效评估手段落后等，严重制约了我国节能服务工作的深入开展。基于此，本章以提升能效评估及监测试验能力为目标，进行水电厂、火电厂能效评估工作，并提出水电厂、火电厂的能效评估体系。

水电厂以水能为动力，在实施电力生产的各环节中存在着不同程度的能量损耗，因而影响着水电站的经济运行和发电效益[5]。国家"十一五"规划明确了节能降耗的目标，根据国家节能降耗的目标以及企业的实际情况，要求各企业节能降耗，水电厂中的能量损耗主要体现在单位电量的水耗率、电能的输送功率、水电站非正常电量的损失、厂用电量、原辅材料等几个方面，它们是水电厂的重要经济技术指标，降低这些损耗是水电厂的核心工作之一[6]。

目前，水电站节能考核指标（耗水率、水量利用率等）缺乏严密理论体系及相关标准。一般只采用单位比水耗作为水电站运行方式的动能经济指标，以评估水电站及水电系统的工作质量及经济性。曾宪参等[7]从能量平衡观点分析，提出了提高水电站动能经济效益的措施。杜小凯等[8]从电站装机容量与能耗及减排关系，以及不同坝型单位发电量能耗关系和抽水蓄能电站能耗分析等方面，初步研究了水电工程的节能减排效益，并提出了有待进一步研究的问题。

20 世纪 40 年代人们开始了水电系统与优化调度研究，到 20 世纪 90 年代，各种人工智能算法都已应用于水电站系统的优化运行，它被认为是可以减少化石燃料的利用，大幅提高水电系效率的一个重要途径，其节能减排的效果是相当可观的[9]。沈磊[10]提出以平均水头和标准耗水率分别对电网水库调度与水电厂进行考核，这样可以分清各自的职责，有利于促进水电厂的经济运行，但电网调度必须实行调厂不调机的方式。以标准耗水率指标考核的优点是：责权利相结合，能调动全厂积极性；有利开展值级、班级等的竞赛；各水电厂间有可比性；与火电厂用标准煤耗考核性质相同，易于推行。张军良[11]在对流域梯级水电站节能调度特点进行具体分析的基础上，结合评估指标选取原则，构建了一套定量与定性相结合的指标体系，从而为合理评定梯级水电站节能调度效益并对其实施有效监管、解决系统内调节效益补偿问题提供了决策依据。

火电厂能效评估主要以热力系统的节能分析为基础，近几年，国外研究热力系统节能的成果较多。这些成果的基本思想反映了电厂节能理论前沿及分析管理方法[12-14]，特别是在机组负荷参数不变的情况下，对系统结构及辅助设备进行定量能损分析，为电厂热力系统节能提供了强有力的理论依据。美国电力科学研究院，对美国范围内所有的燃煤电厂进行的全面调查与研究，最终制定了降低机组热耗率的导则，研究的结果表明机组运行的实际热耗率比机组可能达到的最佳热耗率高出近 1000kJ/（kW·h），其中有约 500kJ/（kW·h）是可以通过各种途径得到控制的，这说明火电厂在能效管理工作方面有巨大的潜力。目前，我国电力工业取得了巨大的成就，但是电厂在节能降耗方面与世界先进水平相比还有差距。根据我国火力发电企业的实际情况，中央提出了节能降耗的目标：2010 年人均 GDP 比 2000 年翻一番，GDP 能耗要比"十五"末期降低 20%左右。企业应理顺能耗管理体系，建立完善的能耗管理新机制。因此，深入分析研究火电厂的节能现状，明确节能的目标和措施，加强节能降耗的精细化管理，对促进火电厂的可持续发展具有重要意义。此外，充分利用先进的技术手段，对电厂节能现况展开研究，找到影响机组节能的各种因素，并有针对性地加以改进，也是电厂提高效率的重要途径。

1.3.2　电网侧能效评估

从 20 世纪 70 年代开始，各国提出了诸多能效标准和标识。1975 年，美国联邦政府在国会立法和行政指令的基础上建立了能源管理计划政策，美国环境保护署制定了节能产品的标准"能源之星"。"能源之星"为家庭和商业产品、建筑物等指定了能效技术要求。韩国的能效和标识工作开始于 1992 年，用于鼓励提高生产效率，引导生产商坚持生产节能产品。其能效标准分为"最低能源性能标准"和"目标能源性标准"，前者用于阻止高能耗产品的生产和销售，后者用于帮助生产商达到更高的效率。2003 年，一项由欧洲委员会做出的为期两年的研究正式形成，该研究计划是如何提高对办公设备、电器、汽车、建筑等的能源效率，欧洲委员会根据研究形成一项指令，确定欧洲范围内采购的最低能源效率。

国内的能源评估主要经历了三个阶段：

第一阶段是 20 世纪 80 年代中末期，中国标准化研究院和全国能源基础与管理标准化技术委员会组织制定了第一批家用电器能效标准，规定了能效测试评估方法和指标参考值。

第二阶段是从 1995 年起在政府部门的领导和美国环保局、美国能源基金会、国际节能研究所等国际相关机构的资助下，组织首批能效标准的修订及部分新的家用电器和照明产品能效标准的制定。

第三阶段是从 2001 年起，为不断促进耗能产品和设备在能源利用效率方面的更新换代，引导企业的节能技术进步，相关部门针对部分产品组织开展目标能效指标的研究工作。在能源分析方面，一些专家学者对国际能源指标体系的特点和对我国的启示进行了探讨。有些研究针对能源管理存在的问题，提出借鉴美国能源部的科学管理体制来进行我国能源管理。另外，有些学者提出了评估国家能源可持续利用的指标体系及地区能源消耗的指标体系。

总的说来，上述研究大都集中于宏观层面上制定能源性能标准的研究，而没有立足于工业能效方面提出具体的解决方案。这些研究都主要集中在某特定行业企业的能耗水平分析上，所用方法也与行业特定生产技术密切相关，不适合推广到所有典型能耗企业。因此通过本课题的研究，需要寻找一些既实用又能很好评估能效的方法，这才具有重要的理论和现实意义。

1.3.3　负荷侧能效评估

在国外，负荷侧能效评估工作已经有几十年的发展历史，评估机构主要是专业的能效评估工作室，评估方式主要由调查问卷和电话访问为主。国外的能效评估先驱主要以美国和部分欧洲国家为代表。EVO、SGS 通标公司、克林顿气候行动连同中国节能协会节能服务产业委员会正式发布《国际节能效果测量和验证规程》（IPMVP）中文版本，以支持中国正在广泛开展的各种能效和可持续发展项目[15]。20 世纪 70 年代后期，美国和欧洲等发达国家兴起了一种电力管理技术——电力需求侧管理（demand side management，DSM）。DSM 是指通过采取有效的激励措施，引导电力用户改变用电方式，提高终端用电效率，在完成同样用电功能的同时，减少电量消耗和电力需求，优化资源配置，改善和保护环境，实现最小成本电力服务所进行的用电管理活动，是促进电力工业与国民经济、社会协调发展的一项系统工程[16]。2002 年 Dian Phylipsen 等[17]通过与能源效率最高的国家和地区进行比较，评估了荷兰能源效率，结果显示，当前能源密集型行业的节能潜力为（5±2）%，且大部分潜力在于石油、化工和发电领域。2007 年 Mark A. Rosen[18]指出，虽然能效评估体系在电气工程领域中的应用并不多，但是它却能明确指出各类电气设备的热力学损失，因而将其应用于电力系统的能效评估及其效率提高必将起到重要的作用。

在国内，虽然能效评估研究工作起步相对较晚，但是各种能效评估活动日益受到重视[19]。为了确保实现国家、地区、企业"十一五"节能和减排目标的落实，在钢铁、水泥、烧碱和建筑等行业陆续开展企业能效对标活动。企业能效对标管理是"一种科学、系统、规范的企业能源管理方法，是企业对标管理的一个重要方面，指企业为提高能效水平，与国际国内同行业先进企业能效指标进行对比分析，确定能效标杆指标，通过节能管理和技术措施，达到能效标杆指标或更高能效指标水平的能源管理活动"。国内的能效评估工作主要由以下技术组成：电力能效需求侧管理、能耗分析技术、能效评估技术、节能标准研究、能耗评估与验证等。自从我国能效评估工作开展以来，通过建立节能服务培训体系，先后有大量企业对能效评估系统进行了开发和应用，也取得了一些成绩。1997 年谢安国等[20]对钢铁行业能耗进行分析，搭建能效监测平台并运用层次分析、人工神经网络等方法对其进行分析和研究。2009 年，中国水泥协会发布了《水泥企业的能效对标指南》，为水泥企业提供了能效对标方法和对标思路[21]，力求指标体系的合理性和实施的可操作性，对水泥企业从事能效对标工作人员起到指导作用。宋绍剑、薛春伟针对国内外在水泥企业能效评估方法研究方面的不足，通过对水泥企业的基础信息进行收集和分析，运用层次分析法对水泥企业能效评估进行综合研究，并构建适合水泥企业能效评估的指标体系，从而为企业节能提供定量分析，提高企业的电能管理水平；同年，胡小梅等[22]为了优化能源资源配置、控制企业能耗，达到节能减排的目的，提出了适用于高能耗行业内推广的能效综合评估指标体系及评估方法，采用模糊 Petri 网进行了企业能耗建模，设计了企业能效综合评估系统，用于仿真高能耗企业生产过程中能源使用与消耗的动态行为。该系统具备数据采集、分析、统计、预测等能效综合评估功能，具有行业通用性，并选择离子膜法烧碱产品生产中液碱到固碱生产工艺片段为应用对象，验证了该系统的可行性。

第 2 章　基于综合集成技术的能效平台及开发模式构建

　　计算机技术的高速发展为能效数据实时管理、能效快速评估、能效智能分析及节能方案自动生成提供了技术支持[23]。传统能效评估往往采用人工统计数据，简单应用几个指标进行评估，整个过程纯手工完成；更进步一点的是针对企业开发一个简单的能效评估系统，实现能效评估自动化，而这两种能效评估方式都很难适应用能企业的发展。采用手工完成评估，不仅耗费大量时间，还耗费大量的人力和物力；同时，用能企业又是一个向前发展的企业，随着节能意识的提高，很多耗能方式会逐步改变甚至消失，从而使原来的评估系统已经不适应用能机构现状，需要对系统进行修改或重新开发，而软件行业的一般特点是人员的流动性大。因此，一般情况下，只能重新开发系统，从而造成资源的浪费。同一类型用能机构的能效指标差别不大，若针对每个用能机构都单独开发能效评估系统，则会造成重复开发，也会造成资源浪费。

　　针对以上问题，本章提出基于组件技术、万维网服务（web service）技术和面向服务的体系结构（service-oriented architecture，SOA）的综合集成技术，并在此基础之上构建能效支持平台，通过该平台实现能效系统快速搭建、能效系统可复制、能效系统快速修改和应用，从而应对用能机构的变化和发展，使能效系统具有极高的可扩展性和移植性，同时节约了人力和物力资源。

2.1　综合集成技术

2.1.1　组件技术

　　组件也称为构件，是随着人们寻求解决"软件危机"的途径，提高软件的重用性而提出的，是将软件按一定的标准封装成组件，对外提供一组访问接口[24]。早在 1968 年，在北大西洋公约组织软件工程会议提出了软件复用概念的同时，制定了一整套软件复用的指导性标准，其中包含了利用标准组件实现软件复用的基本思路，同时，Mcllroy 在会上首次提出了"软件组装生产线"的思想。

　　组件技术也一直被视为解决软件危机现实可行的途径。由于计算机硬件和编程语言等技术条件的限制，在过去的几十年内，虽然软件业一直没有放弃组件技术的尝试，软件开发的主流思想也几经变革，但是基于组件技术的软件大规模重用尚未实现。

　　从组件的定义可以看出，组件必须具备以下的特征：复用、封装、组装、定制、自制性、粗粒度、集成和契约性接口[25]。组件的这些特征，使得组件技术在应用开发方面具有以下特点。

（1）软件重用和高度的互操作性。组件是完成通用或特定功能的一些可互操作和可重用的模块，应用开发者可以利用它们在不同应用领域的知识来自由组合生成合适的应用系统。

（2）实现细节透明。对组件的访问需要通过一个或多个定义接口来完成，组件的内部实现对外是完全透明的，其实现与功能分离。对组件的使用者来说组件完全是"黑盒"结构，对组件的理解和复用都是通过接口描述来进行的，即组件的接口说明组件"做什么"而不关心"怎么做"。

（3）接口的可靠性。接口是服务的抽象描述，是服务提供者与服务使用者之间关于服务及其用法的契约，因此，组件接口是不变的，一旦接口被发布，就不能被修改。也就是说，一旦组件使用者通过某接口获得某项服务，则总可从这个接口获得此项服务。

（4）良好的可扩展性。每个组件都是自主的，有其独自的功能，只能通过接口与外界通信。当一个组件需要提供新的服务时，可通过增加新的接口来完成，不会影响原接口及已存在的用户，而新的用户可以重新选择新的接口来获得服务。同时，系统中的组件也可以很方便地被其他实现同样功能的组件所替代。

（5）实现不同厂商的软件间的真正的互操作。组件可以来自不同的组件开发商，独立地被生产、获取和配置，应用不同的组件可以方便地搭建应用程序。

（6）即插即用。组件可以方便地集成于体系结构中，不用修改代码，也不用重新编译，真正实现软件复用。

（7）组件与开发工具语言无关。开发人员可以根据特定情况选择特定语言工具实现组件的开发，编译之后的组件以二进制的形式发布，源程序代码不会外泄，有效地保证了组件开发者的版权。

2.1.2　Web Service 技术

Web Service 是一种组件技术，其采用标准通用标记语言（standard general markup language，SGML）格式封装数据，对自身功能进行描述时采用万维网服务描述语言（web service description language，WSDL），同时，要想使用 Web Service 提供的各种服务，必须对其进行注册，可以使用通用描述、发现与集成（universal description discovery and integration，UDDI）来实现，组件之间数据的传输是通过简单对象访问协议（simple object access protocol，SOAP）进行的。Web Service 具有与平台和开发语言无关的特性，无论基于什么语言和平台，只要指定其位置和接口，就能在应用端通过 SOAP 实现接口的调用，同时得到返回值。

Web 服务是一种部署在 Web 上的对象或组件，Web 服务是基于服务提供者、服务请求者、服务注册中心三个角色和发布、发现、绑定三个动作构建的。Web 服务体系结构如图 2-1 所示。

（1）服务提供者（service provider）。该角色负责定义并实现服务，使用 WSDL 对服务进行详细、准确、规范的描述，并将该描述发布到服务注册中心，供服务请求者发现并绑定使用。

（2）服务注册中心（service registry）。也称服务代理（service broker），是连接服务提供者和服务请求者的纽带，服务提供者在此发布他们的服务描述，而服务请求者在服务注册中心查找他们需要的服务[26]。主要用于注册已经发布的服务提供者，对其进行分类，并提供搜索服务。不过，在某些情况下，服务注册中心是整个模型中的可选角色。例如，如果使用静态绑定的服务，服务提供者则可以把描述直接发送给服务请求者。

（3）服务请求者（service requester）。服务请求者首先利用服务注册中心查找所需的服务，然后使用该服务，虽然服务面向的是程序，但程序的最终使用者仍然是用户。从架构的角度看，服务请求者是查找、绑定并调用服务，或与服务进行交互的应用程序。服务请求者角色可以由浏览器来担当，由人或程序（例如，另外一个服务）来控制。

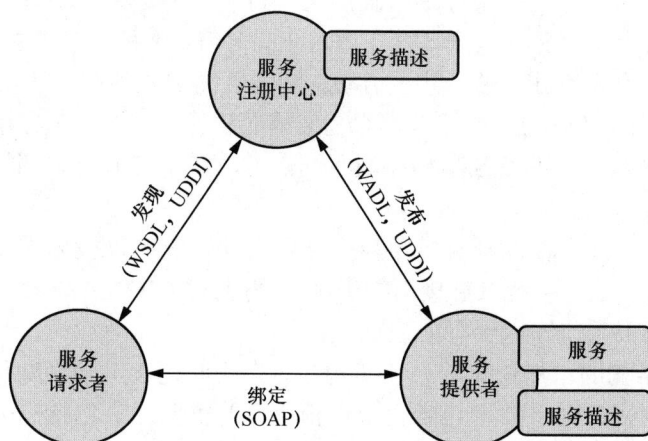

图 2-1　Web 服务体系结构

Web 服务体系结构的三种角色之间的涉及发布、发现和绑定三种操作。

（1）发布（publish）：使服务提供者可以向服务注册中心注册自己的功能及访问接口，并向用户发布信息。

（2）发现（find）：使服务请求者可以通过服务注册中心查找特定种类的服务。

（3）绑定（bind）：将服务提供者和服务请求者绑定，使服务请求者能够真正使用服务提供者所提供的服务。

这些角色和操作一起作用于 Web 服务组件。在典型情况下，服务提供者托管可通过网络访问的软件模块。服务提供者定义 Web 服务的服务描述并把它发布到服务请求者或服务注册中心。服务请求者首先使用查找操作来从本地或服务注册中心检索服务描述，然后使用服务描述与服务提供者进行绑定并调用 Web 服务实现或同它交互。服务提供者和服务请求者角色是逻辑结构，因而服务可以表现两种特性。

Web 服务的服务描述和服务实现是分离的，这使得服务请求者无需关心服务提供者的具体实现技术和物理位置，可以在服务提供者的一个具体实现正处于开发阶段、部署阶段或完成阶段时，对其进行绑定。

2.1.3　SOA 架构

SOA 一种新的编程模型，号称"下一代软件架构"，其内核就是"业务敏捷化"，它将应用程序的不同功能单元（称为服务）进行拆分，通过这些服务之间定义良好的接口和契约联系起来[27]。接口是采用中立的方式进行定义的，它应该独立于实现服务的硬件平台、操作系统和编程语言。这样，可以使在不同系统下构建的服务得以通过统一、相通的状态进行交互。迄今为止，对于 SOA 还没有一个公认的定义。许多组织从不同的角度和不同的侧面对 SOA 进行了描述，较为典型的有以下三个：

（1）万维网联盟（world wide web consortium，W3C）的定义：SOA 是一种应用程序架构，在这种架构中，所有功能都定义为独立的服务，这些服务带有定义明确的可调用接口，能够以定义好的顺序调用这些服务来形成业务流程。

（2）Douglas K Barry 在《Web Services and Service-Oriented Architectures: The Savvy Manager's Guide》一书中定义：服务是精确定义、封装完善、独立于其他服务所处环境和状态的函数。SOA 本质上是服务的集合，服务之间彼此通信，这种通信可能是简单的数据传送，也可能是两个或更多的服务协调进行某些活动。服务之间需要某些方法进行连接。

（3）Gartner 公司的定义：SOA 是一种 C/S 架构的软件设计方法，应用由服务和服务使用者组成，SOA 与大多数通用的 C/S 架构模型不同之处，在于它着重强调构件的松散耦合，并使用独立的标准接口。

就服务架构而言，面向松散耦合的粗粒度应用组件，它可以根据需要通过网络进行分布式布置、组合和应用。服务层可以直接由应用程序调用，是 SOA 的基础，从而使系统与软件代理交互的人的依赖关系能够得到有效控制。

SOA 是技术与架构的自然进化。系统架构一直在不断进步，与商业保持高度一致。系统设计师与商家很早就认识到将技术与商业流程相协调的重要性，包括充分应用并合理化技术资源，以及为商业提供更好的支持。

SOA 具有以下五个特征：

（1）可重用。一个服务创建后能用于多个应用和业务流程，能够降低服务创建成本。

（2）松耦合。服务请求者到服务提供者的绑定与服务之间应该是松耦合的。因此，服务请求者不需要知道服务提供者实现的技术细节，例如，程序语言、底层平台等。

（3）明确定义的接口。服务交互必须是明确定义的。WSDL 是用于描述服务请求者所要求的绑定到服务提供者的细节。WSDL 不包括服务实现的任何技术细节。服务请求者不知道也不关心服务究竟是由哪种程序设计语言编写的。

（4）无状态的服务设计。服务应该是独立的、自包含的请求，在实现时它不需要获取从一个请求到另一个请求的信息或状态。服务不应该依赖于其他服务的上下文和状态。当产生依赖时，它们可以定义成通用业务流程、函数和数据模型。

（5）基于开放标准。服务不受平台限制，能够将复杂、成本高昂的数据集成，变成简单且低成本实现的参数设定。

2.2　能效应用支持平台构建

在构建能效应用支持平台之前，要明确什么是平台。从大众的认知入手，Windows 属于操作系统平台；SQL Server 属于数据库平台；Google Earth 属于数据地理信息平台。从这些平台中寻找共性，可以发现，平台自身只具有一定的基础功能，如果其上面没有安装软件或者存入数据或者地图等，平台基本无用武之地[28]。例如，在 Windows 操作系统上不安装 office 软件，连基本的办公功能都无法实现。从平台的共性出发，应用支持平台也应该具有这样的共性。

20 世纪 80 年代末到 90 年代初，钱学森先后提出"从定性到定量综合集成方法"以及它的进一步发展"从定性到定量综合集成研讨厅体系"。这是钱学森系统思维和系统思想在方法论上的体现[29]。综合集成方法实质是将专家群体、统计数据和信息资料三者有机结合起来，构成一个智能化的人机交互系统，它具有综合集成的各种知识，从感性上升到理性，实现从定性到定量的功能[30-31]。近年来，在解决复杂巨系统问题上，综合集成思想受到广泛关注与应用。采用研讨厅或类似方法解决复杂决策问题正成为决策支持系统领域研究方向之一[32-33]。

为了满足决策支持需求，本书采用中间件、网格、综合集成研讨厅等技术构建并实现了综合集成服务平台产品，制定了水利行业标准《水利信息处理平台技术规定》（SL 538—2011）[34]，并实现在水利、电力、环境等多个领域的应用，该平台也作为能效应用支持平台。在该平台之上，开发能效评估应用模块、组件库、模型库和方法库，搭建能效评估系统，构建能效评估服务[35]。

2.2.1　平台的设计原则

应用支持平台是应用系统间的桥梁，也是应用系统和数据库之间的纽带，构建支持平台的目的就是能够满足能效评估业务的需求，能够使能效评估系统具有灵活性、适应性，以应对外界条件的随机性和不确定性，同时能使得系统具有可操作和适应动态变化的能力[36]。因此，平台在设计和实现时应满足下列基本要求：

（1）资源整合。能效评估需要各种数据及信息资源，这些数据及信息资源可能分布在不同地点、不同部门，数据的格式也不尽相同，有结构化的，也有非结构化的。因此，综合集成平台应能实现各种资源的整合与重用。

（2）提供开发环境。基于平台实现能效评估的目的就是希望通过平台为能效评估系统的构建提供一个集成开发环境，通过平台提供的开发环境可快速构建具有可变性的业务应用系统。因此，应用支持平台应该提供统一的体系结构风格和环境，能为不同的功能实体提供服务和支撑。

（3）基于松耦合的信息共享。基于平台构建能效评估系统的优点是希望通过平台将业务逻辑与底层的数据分离，以保证系统的灵活性和适应性。因此，平台应实现业务逻辑与公共服务的分离，保证信息服务的松耦合，以适应业务和环境的不断变化。

（4）可伸缩的配置。应用支持平台应能根据业务的轻重进行不同级别的配置，以保证系统合理的规模和经济性。

（5）个性化的服务。应用支持平台能为不同的使用者提供"按需"而变的个性化服务，以满足不同决策人员的决策需求。

（6）方便重构和扩展。在应用支持平台中，能效评估系统应能根据用能机构的需求很容易重构和扩展。

（7）提高应用系统开发效率。应用支持平台应能够提高能效评估系统的开发效率，并使得系统具有一定的鲁棒性；应通过组件搭建的方式灵活地构建应用系统，并能够通过简洁的方式增加、修改、删除系统的业务功能。

2.2.2　平台的技术模型

采用 SOA、软件即服务（software as a service，SaaS）、平台即服务（platform as a service，PaaS）等面向服务的信息化整合技术，对信息服务、决策服务实施有机集成，在计算服务的支持下建设一个综合集成的应用支持平台，为整个信息化系统提供一体化的服务模型和操作接口，并且实现远程及分布式的服务框架，为多方面、多层次的决策与管理操作提供便捷途径。应用支持平台的技术模型如图 2-2 所示。

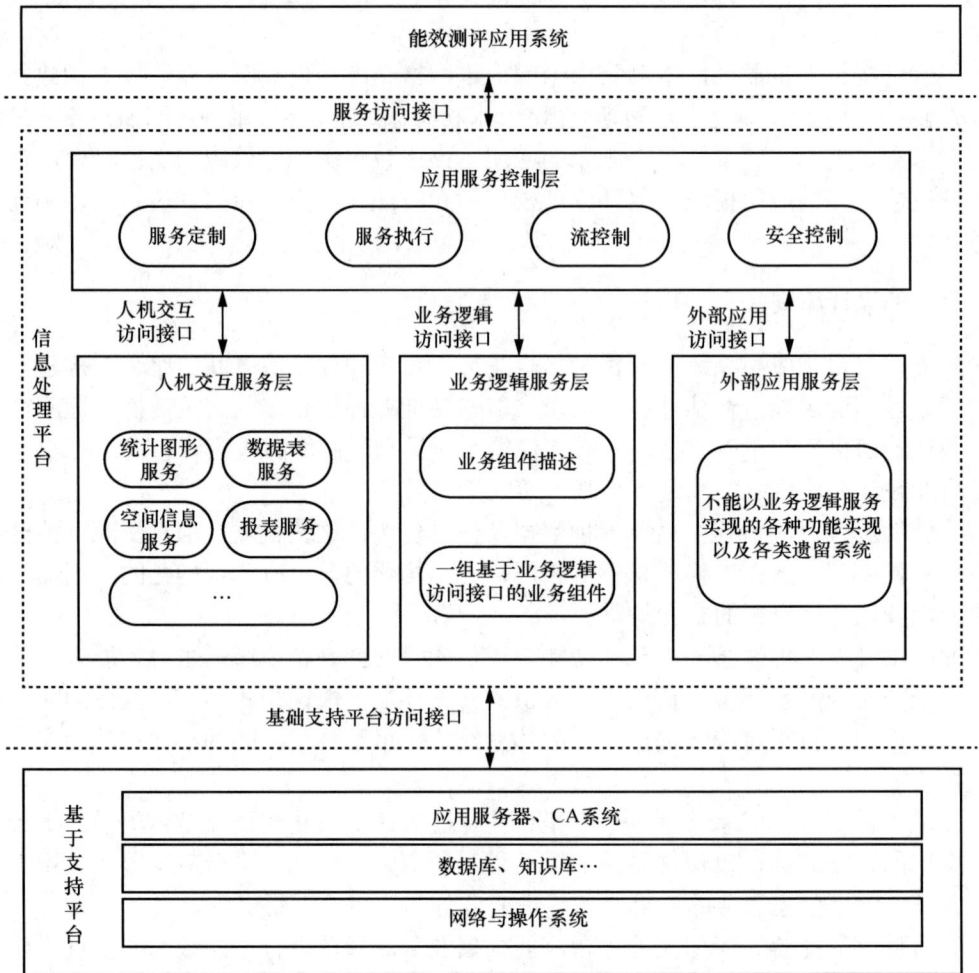

图 2-2　应用支持平台技术模型

根据平台的技术模型，平台主要包括应用服务控制层、人机交互服务层、业务逻辑服务层、外部应用服务层、服务访问接口、人机交互访问接口、业务逻辑访问接口和外部应用访问接口。外部应用服务层、外部应用访问接口，根据用户需要可以归为平台的一部分，也可以作为平台的外部支持。

2.2.3　平台的总体架构

应用支持平台的总体架构共分为四层，分别是支撑层、资源层、信息综合集成层和用户层。其中，包括数据库资源、点对点（peer-to-peer，P2P）技术、组件、知识图等核心部分的设计。平台总体架构如图 2-3 所示。

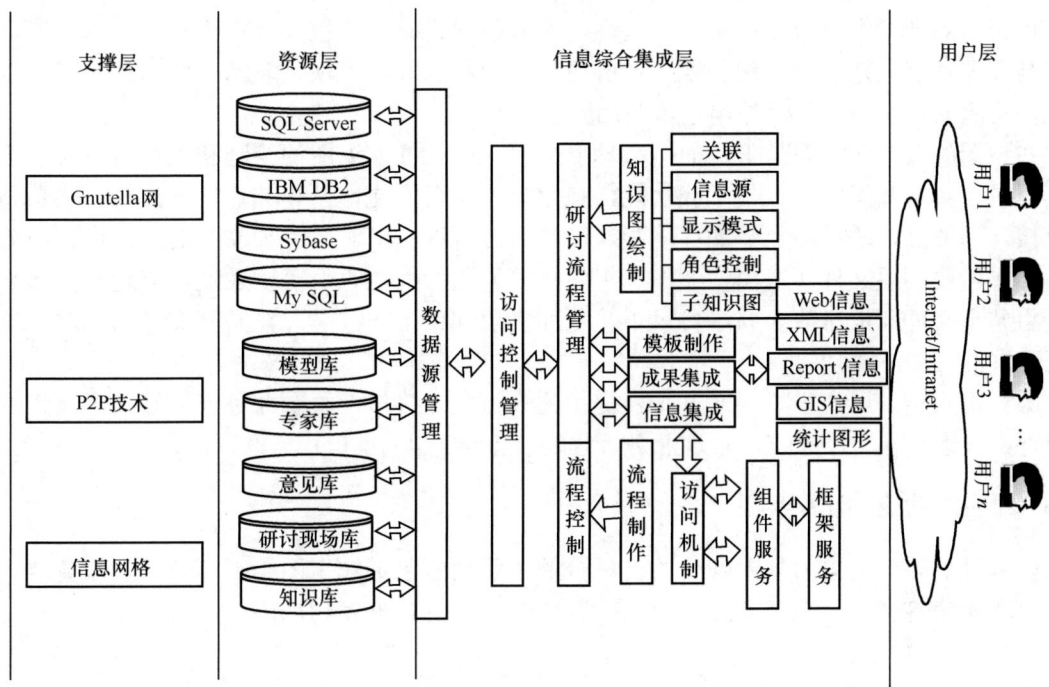

图 2-3　平台总体架构

Gnutella—网络开源包；SQL Server—结构查询语言服务；Sybase—数据库；My SQL—自结构查询语言；
Report—前端报表信息；Web—万维网；XML—可拓展标记语言；GIS—地理信息系统

（1）支撑层。网络开源包（Gnutella 网）、P2P 技术和信息网络是综合集成平台主要技术支撑。P2P 技术是一种对等连接技术，可以使本地用户直接连接异地用户计算机，实现异地用户之间的信息和文件的共享，与传统的浏览器/服务器（browser/server，B/S）和客户机/服务器（client/server，C/S）访问模式有很大区别。以 Gnutella 网和 P2P 技术作为支撑环境，可以实现网络资源共享，同时也可实现知识图的共享，从而很方便地实现知识的传递、共享与创新。

（2）资源层。资源层主要为系统提供数据资源、模型库、专家库、意见库、研讨现场库和知识库资源。数据资源包括各种数据库的数据资源、信息资源等，对于能效评估而言，包括水耗、电耗、煤耗、油耗等相关数据，这些数据资源都是进行能效评估的基础；模型库主要是业务应用需要的各种模型；专家库由诸多相关领域的专家组成，可以随时对业务应用进行指导；意见库是对业务应用的有利意见的集合，意见库可以有效避免常见错误；研讨现场库是对于相关领域研讨会资料总结的集合；知识库是已构建的所有业务应用的集合，每个业务应用都可认为是已有的知识，新的业务应用可以在已有的业务应用基础上开展，从而实现对已有知识重新利用，实现知识的累积。

（3）信息综合集成层。综合集成层主要包括数据、信息、成果资源的集成与管理，访问控制管理、流程控制与管理、知识图绘制等功能。数据、信息、成果资源的集成与管理以及访问控制管理主要实现对各种数据资源的整合、管理和控制，对外形成统一的调用接口和访问结构，并实现对数据有效性、完整性、一致性的维护。访问控制管理通过基于角色的访问控制模型，实现对系统资源、信息、服务的一体化控制，并保证访问过程的安全。流程控制

13

与管理可有效地组织系统中可访问的资源，构成访问、研讨流程，并提供对这一系列流程的控制与管理功能。知识图绘制实现对业务逻辑、应用流程的可视化表示，对信息、模型组件及其他资源的组织与关联，并构建出应用知识图。

知识图的绘制和管理是平台的核心功能之一，在进行知识图的绘制和编辑时，可以建立共享目录，实现知识图的上传下载功能，在编辑器中可方便地创建节点、连接线、联系和超级链接。当节点、联系的上下文环境相对简单时，可以利用对节点和联系的属性进行简单描述。如果需要利用文件（文档、图形、多媒体等）进行描述时，可以通过建立超级链接来完成。将共享文件和信息放于共享目录下，从而实现知识图的共享。在共享文件的同时，实现与互联网的上传下载功能。

（4）用户层。用户层主要通过平台提供的人机交互接口，绘制业务应用知识图，组织关联组件，快速构建应用系统，实现业务管理与决策会商。

2.2.4 平台的功能设计及实现

以满足能效评估需求为主要目的，平台的主要功能包括知识图绘制与管理、服务定制与关联、多元信息展示、平台管理四大类，其功能模块图如图 2-4 所示。

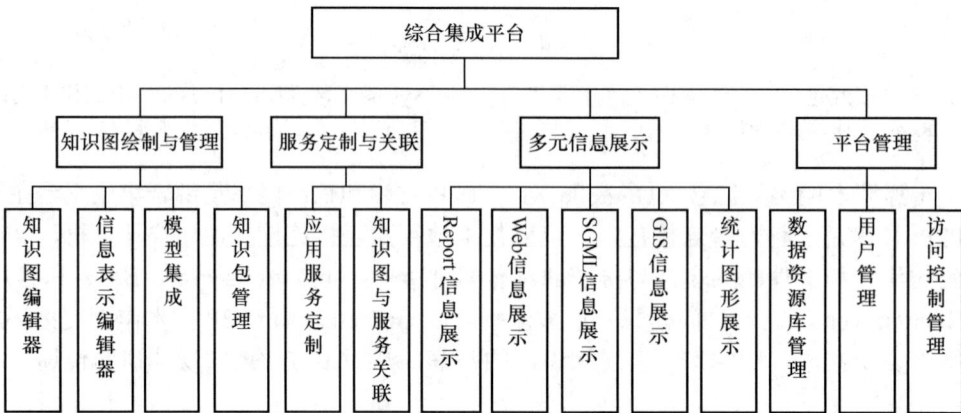

图 2-4 平台的功能模块图

Report—前端报表信息；Web—万维网；SGML—标准通用标记语言；GIS—地理信息系统

（1）知识图绘制与管理。知识图绘制与管理的主要功能是提供应急管理应用知识图的绘制与管理，平台应具有知识图绘制工具编辑器，包括节点绘制，关联关系绘制，字体、颜色的设置等，同时应具有知识图打包、存储、查询、修改等管理功能。

（2）服务定制与关联。服务定制与关联的主要功能是通过平台提供服务组件（信息类服务组件、模型方法类服务组件）定制以及服务组件与知识图关联的功能。

（3）多元信息展示。平台提供 Web 信息、SGML 信息、地理信息系统（geographic information system，GIS）信息集成与展示功能，并提供报表制作功能，通过多种统计图形方式可视化展示信息。

（4）平台管理。平台管理提供平台下的数据资源库管理、用户管理及访问控制管理等功能。

基于上述平台技术模型、总体架构以及功能的设计，采用中间件技术、综合集成研讨厅技术、组件技术，基于面向服务的体系结构和 J2EE 架构，构建了知识可视化综合集成支持平台，如图 2-5 所示。

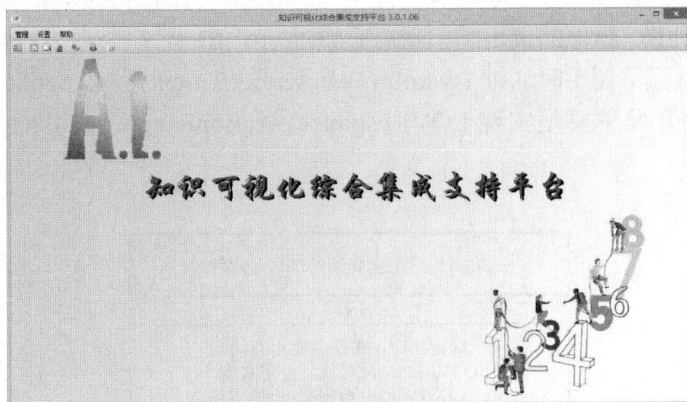

图 2-5 知识可视化综合集成支持平台

2.3 组件的开发及服务的发布

2.3.1 组件的开发流程

Web 服务组件开发的统一建模语言（unified modeling language，UML）类图如图 2-6 所示。

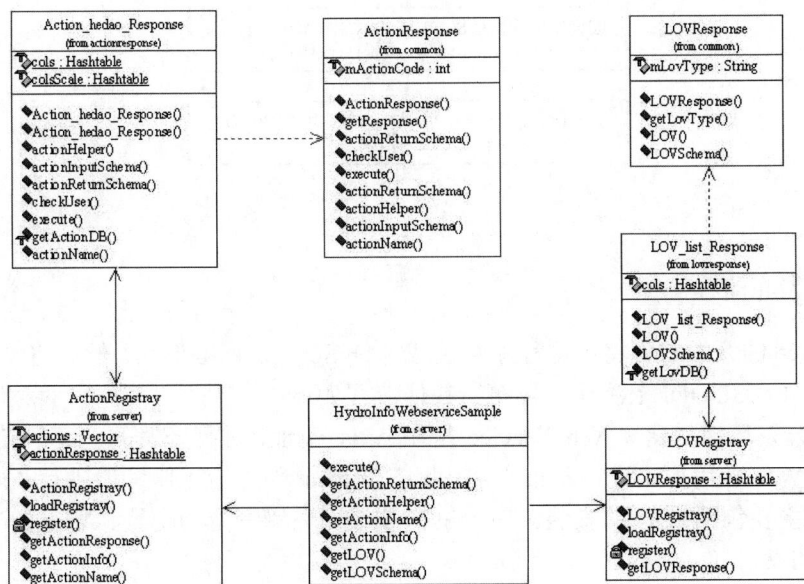

图 2-6 Web 服务组件开发 UML 类图

图 2-6 中共七个类，HydroInfoWebserviceSample 为组件的最上层接口，业务组件通过继承该接口实现；ActionResponse 和 LOVResponse 定义每个业务组件需要完成的方法，以能效评估方法组件为例，Action_hedao_Response 和 LOV_list_Response 是能效评估方法具体实现类，ActionResponse 类主要负责相关的业务组件实现；ActionRegistray 和 LOVRegistray 主要作用是对服务的注册。组件的调用和识别总是通过一个 ID 号来实现，ID 号在 ActionResponse 类创建时就已经分配好，调用时通过 HydroInfoWebserviceSample 类对 ActionCode 调用来实现。

能效评估组件开发主要是实现 LOVResponse、ActionResponse，组件开发流程如图 2-7 所示。

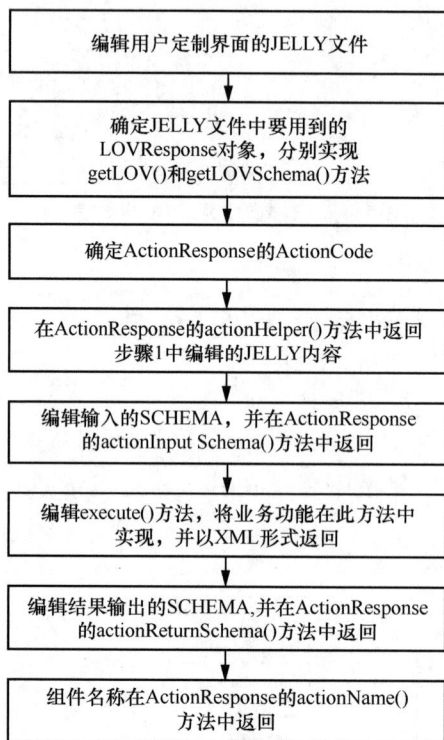

图 2-7　组件开发流程

2.3.2　服务的发布流程

Web Service 的开发首先将应用程序封装成 Web Service 标准形式，然后将 Web Service 部署到服务器，并在 JUDDI 上注册、发布。具体流程如下：

步骤 1：开发环境搭建。Web Service 是在 Axis 基础上进行开发的，而 Axis 是基于 java 开发的，且以 Web 应用形式进行发布的，因此选 Tomcat 作为应用服务器进行 Axis 环境搭建。开发环境搭建主要包括 JDK 的安装、Tomcat 的安装、环境变量的配置、Axis 的安装，具体可参见 Apache 网站。

步骤 2：基于 Eclipse 的 Web Service 打包。组件打包流程如图 2-8 所示。

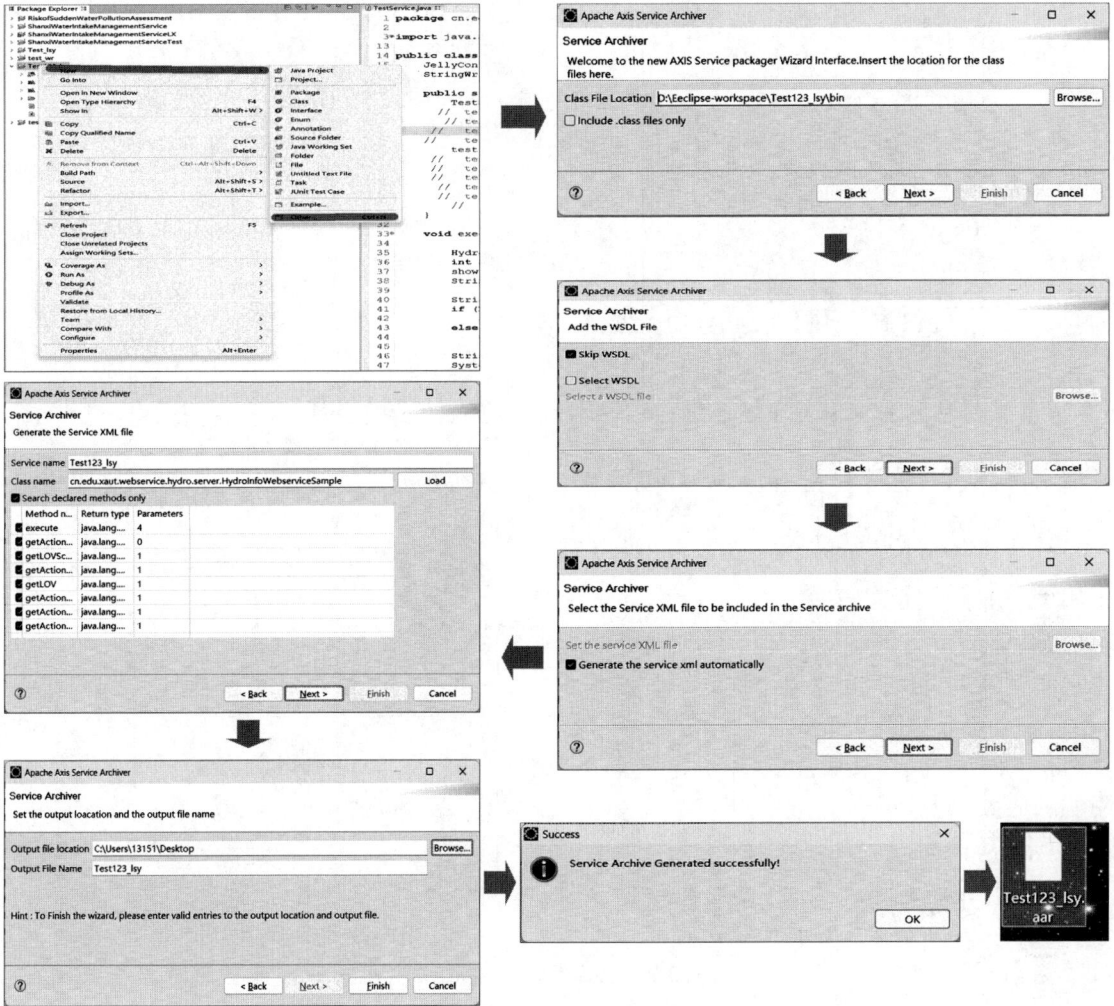

图 2-8　组件打包流程

2.4　应用系统快速构建

Web 服务发布后，基于支持平台和组件库，可快速构建应用系统，以水电站实时入库水情为例，系统的构建流程如下。

1. 业务流程知识图绘制

构建业务系统首先必须熟悉业务的基本流程，基于支持平台，采用知识图的方式绘制业务流程知识图非常简单，绘制过程如图 2-9 所示。

绘制业务流程知识图之前，建立知识包界，如图 2-9（a）所示。知识包建立后，进入知识图绘制界面，如图 2-9（b）所示，工具条有大量关于知识图绘制的工具。单击工具条中的方框形状，在空白界面再次单击后即可得同样的方框，每个方框可以看作一个节点，双击可实现节点命名示意界面，如图 2-9（c）所示。节点绘制后，按照流程方式将节点连接，完成业务流程知识图界面，如图 2-9（d）所示。

（a）建立知识包界

（b）知识图绘制界面

（c）节点命名示意界面

（d）业务流程知识图界面

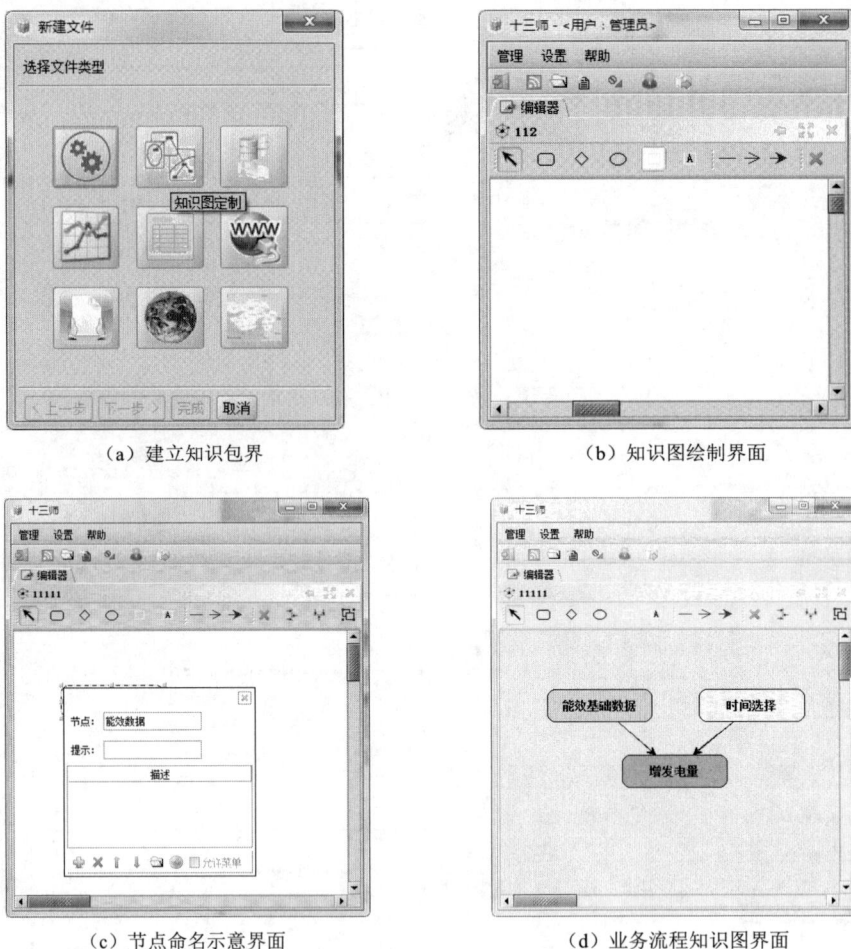

图 2-9   业务流程知识图绘制

2. 业务组件的定制

业务组件的定制主要分为以下几个步骤：

步骤 1：选择业务组件定制，进入业务组件库。

步骤 2：业务组件库按照组件的基本类型，将组件库划分多个子组件库，选择需要的组件库，然后进入下一步。

步骤 3：从组件库中选择需要的组件。

步骤 4：单击"构造 SGML"按钮，可弹出相应的基本信息框，从中选择需要的信息再单击"确定"按钮即可。

步骤 5：根据前几步选择的信息，以 SGML 形式构造选择信息代码。

步骤 6：单击"测试"按钮，可对已经选择的信息进行测试。

步骤 7：进入下一步，输入组件名称并确认后，一个组件即定制完成，组件以.info 的格式保存。

业务组件定制流程如图 2-10 所示。

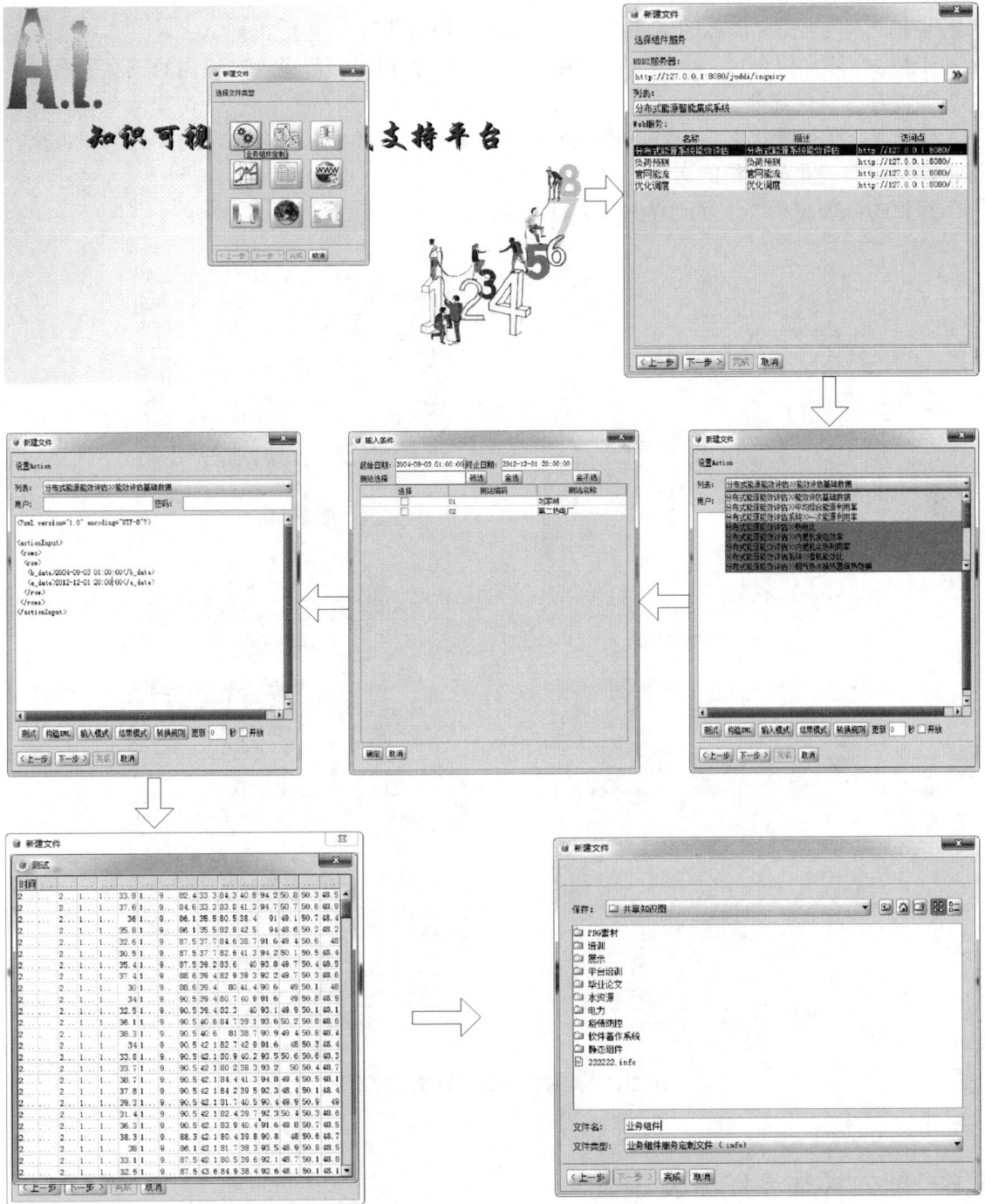

图 2-10　业务组件定制流程

3. 组件的添加及系统运行

组件定制好后，只需将组件添加至知识图即可运行，详细步骤如下：

步骤 1：双击知识图中的节点，弹出对话框后，单击对话框左下角的"加号"，即进入到组件添加界面。

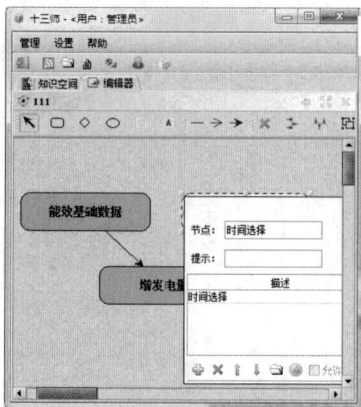

步骤 2：找到需要添加的组件，单击"打开"按钮即可完成添加。

步骤 3：添加组件后，单击工具栏中的"查看"按钮，即可进入知识图的查看界面，查看界面没有工具栏部分。

步骤 4：在查看状态下，右击添加组件后的节点，可弹出组件名称，选择后，即可执行组件，从而实现业务系统的运行。

组件的添加及系统运行流程如图 2-11 所示。

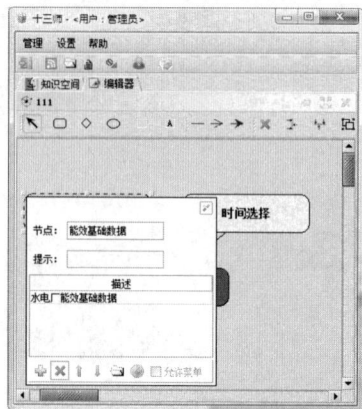

（a）组件添加界面　　　　　　　　　　　（b）添加选择界面

（c）点击查看界面　　　　　　　　　　　（d）执行组件界面

图 2-11　组件的添加及系统运行流程

2.5　能效评估系统开发模式

依据上文提出的系统开发方法，系统是在能效支持平台之上，从组件库中定制组件搭建而成的。每搭建一个系统，则形成一个知识图，可以认为系统以知识图的形式存在，同时，知识图的名称可以认为是系统的一个主题，可以用来对系统进行检索。随着系统的积累，可以形成知识图库，同时形成主题库，对于能效评估而言，若需要开发一个能效评估系统，则可以依据主题，从知识图中检索到相应的知识图或同类知识图，简单修改后即可实现应用。为此，本节提出节能量计算及能效评估系统的"一台三库"开发模式：能效支持平台+节能量计算及能效评估组件库+节能量计算及能效评估知识图库+节能量计算及能效评估主题库，"一台三库"的系统开发模式具有以下优势：

（1）快速搭建系统。能够在短时间内搭建需要的系统，且无需编程。

（2）可移植、可扩展、可复制。能够实现同类系统之间的相互移植，同时可以在原有的系统之上很方便地进行修改、扩充，也可以对原有的系统进行复制，从而实现应用。

（3）综合集成。可以集成其他应用系统，也可以集成各种信息，如图片、视频、音频、GIS 数据等，还可以集成各类型的文档。

（4）能够实现数据和系统的共享。能够实现数据、组件、知识图、系统等各层次的共享。

（5）实施细节透明。系统采用数据流的方式连接组件，每个组件的输入和输出都是透明的。

（6）模块化的应用。能效支持平台类似于安卓系统，能够快速地加载和卸载应用模块。

第3章 水电厂能效评估

3.1 水电厂能效基础数据收集

以我国某水电厂为应用对象，进行数据的收集。水电厂基础数据主要涉及反映水电厂能效情况的基础数据，根据能效基础数据可以计算能效评估指标，继而可以进行水电厂的能效评估，根据某水电厂的实际情况，主要采集以下几类数据：

（1）水库特征水位及特征库容，具体见表3-1。

表 3-1　　　　　　　　　　　　　水库特征水位及特征库容

校核洪水位/m	设计洪水位/m	正常蓄水位/m	防洪限制水位/m	死水位/m
1738	1738	1735	1726	1696
总库容/亿 m³	正常蓄水位以下库容/亿 m³	调洪库容/亿 m³	调节库容/亿 m³	死库容/亿 m³
64	57	14.7	41.5	15.5

（2）机组空载水头与流量关系，具体见表3-2。

表 3-2　　　　　　　　　　　　　机组空载水头与流量关系

1 号机组		2 号或 4 号机组		3 号机组		5 号机组	
水头/m	流量/(m³/s)	水头/m	流量/(m³/s)	水头/m	流量/(m³/s)	水头/m	流量/(m³/s)
78	41	78	42	86~88	52	86~88	57
79	40	79	41	89~91	51	89~91	56
80~81	39	80	40	92~94	50	92~94	55
82~83	38	81~82	39	95~98	49	95~98	54
84~91	37	83~84	38	99~101	48	99~101	53
92~98	36	85~95	37	102~106	47	102~105	52
95~105	35	96~104	36	106~109	46	106~109	51
106~114	34	105~114	35	110~114	45	110~114	50

（3）水电厂能效数据。水电厂能效数据共涉及 27 种，先后收集水电厂 2007~2011 年数据，通过处理，得到逐月统计数据，现列出该水电厂近 2011 年能效数据，见表3-3。

表 3-3　　　　　　　　　　　　　某水电厂近 2011 年能效数据

时间/年-月	平均入库流量/(m³/s)	平均发电流量/(m³/s)	平均发电水头/m	平均出力/万 kW	机组空转流量（各机组均）/(m³/s)	机组空转小时数（所有机组之和）/h	发电机效率（取设计值）/(%)	发电量/(亿 kW·h)	上网电量/(亿 kW·h)
2011-01	517	517	95.6	42.50	49	162	98	3.162	3.1146
2011-02	349	529	99.9	43.88	45	182	98	2.949	2.9126
2011-03	327	488	102.6	42.54	51	264	98	3.165	3.1193
2011-04	566	763	107.8	69.93	39	331	98	5.035	4.9672

时间/ 年-月	平均入库 流量/ (m³/s)	平均发电 流量/ (m³/s)	平均发电 水头/m	平均 出力/ 万 kW	机组空转流 量（各机组 均）/(m³/s)	机组空转 小时数（所 有机组之 和）/h	发电机效率 （取设计值） （%）	发电量/ (亿 kW·h)	上网电量/ (亿 kW·h)
2011-05	789	1043	103.4	94.88	52	196	98	7.059	6.9707
2011-06	698	1020	103.2	90.55	44	101	98	6.520	6.4401
2011-07	919	897	103.8	78.22	52	81	98	5.820	5.7472
2011-08	1035	958	99.3	82.77	39	264	98	6.158	6.0712
2011-09	1024	778	102.1	67.53	55	237	98	4.862	4.7896
2011-10	1305	742	103.0	64.22	51	257	98	4.778	4.7110
2011-11	794	794	97.0	66.98	53	298	98	4.823	4.7511
2011-12	614	614	94.2	50.89	54	399	98	3.786	3.7281

时间/ 年-月	开停机次 数(所有 机组)/次	平均弃水 流量/(m³/s)	时段初库 容/亿 m³	时段末库 容/亿 m³	洪水预报平 均准确率 （%）	空调系统 用电量/ (万 kW·h)	照明系统用 电量/ (万 kW·h)	抽水、滤水 设备用电量/ (万 kW·h)	电热设备 用电量/ (万 kW·h)
2011-01	60	0	29.96	29.96	83	73.107	87.187	77.406	100.760
2011-02	49	0	29.96	28.70	79	80.575	63.678	49.956	89.308
2011-03	46	0	28.70	27.10	73	82.077	58.938	64.572	110.944
2011-04	67	0	27.10	28.20	68	130.108	77.079	107.178	194.069
2011-05	40	23	28.20	29.67	80	193.816	138.524	132.337	186.587
2011-06	44	17	29.67	32.00	56	120.051	147.016	128.889	249.133
2011-07	77	22	32.00	33.47	69	178.997	161.338	95.272	181.837
2011-08	79	77	33.47	33.53	78	110.397	193.891	141.185	287.575
2011-09	97	0	33.53	36.12	82	167.424	129.088	109.076	176.150
2011-10	78	0	36.12	38.21	70	130.964	94.646	99.416	112.543
2011-11	90	0	38.21	40.62	73	142.933	157.760	106.518	185.873
2011-12	61	0	40.62	42.26	62	117.539	100.778	69.766	123.758

时间/ 年-月	变压器输 入电量/ (亿 kW·h)	变压器输 出电量/ (亿 kW·h)	机组可用 小时数/h	机组降 出力停 运小时 数/h	所有机组非 计划停运次 数/次	自动开机 成功次数/ 次	自动开机次 数（所有机 组）/次	继电保护 与安装自 动装置投 运时间/h	继电保护 与安全自 动装置总 数量/个
2011-01	3.1282	3.1146	744	74	46	28	30	13 118	20
2011-02	2.9206	2.9126	672	67	42	21	25	13 333	20
2011-03	3.1333	3.1193	744	22	39	20	23	13 191	20
2011-04	4.9842	4.9672	720	79	46	32	34	13 221	20
2011-05	6.9939	6.9707	744	30	30	18	20	13 046	20
2011-06	6.4555	6.4401	720	58	39	20	22	12 945	20
2011-07	5.7583	5.7472	744	22	45	35	39	12 955	20
2011-08	6.0847	6.0712	744	37	48	35	40	13 056	20
2011-09	4.8038	4.7896	720	50	40	45	49	13 432	20
2011-10	4.7342	4.7110	744	45	42	34	39	13 003	20
2011-11	4.7637	4.7511	720	65	35	40	45	13 288	20
2011-12	3.7448	3.7281	744	60	49	28	31	13 232	20

3.2　水电厂能效指标计算

以某水电厂为例进行能效指标计算。根据水电厂的实际运行情况，结合水电厂能效指标体系，在水电厂能效指标库中选取了 21 种指标进行计算[37-40]，分别为：节水增发电量，水能利用提高率，机组空转耗水量，机组空转小时，水轮机效率，发电耗水率，综合厂用电量，综合厂用电率，开停机次数，水量利用率，综合系数，洪水预报平均准确率，空调系统用电率，照明系统用电率，抽水、滤水设备用电率，电热设备用电率，变压器耗电率，机组等效可用系数（各机组之和），电厂非计划停运次数，自动开机成功率和继电保护及安全自动投入率。

某水电厂能效指标计算选取 2007～2011 年的基础数据。年计算结果及各月计算结果见表 3-4～表 3-16。

表 3-4　　　　　　　　　　某水电厂能效指标年计算结果

序号	能效指标	年份				
		2007 年	2008 年	2009 年	2010 年	2011 年
1	节水增发电量/（万 kW·h）	12 922.577	9800.015	10 975.802	13 677.745	28 464.633
2	水能利用提高率（%）	3.336	2.800	2.639	2.730	5.150
3	机组空转耗水量/万 m³	50 537.88	56 059.92	44 988.12	54 869.76	48 645.72
4	机组空转小时/h	2772	3127	2772	3127	2772
5	水轮机效率（%）	87.550	87.213	87.210	87.282	89.109
6	发电耗水率/[m³/（kW·h）]	5.362	5.578	4.966	4.238	4.057
7	综合厂用电量/（万 kW·h）	5292	4731	5573	7152	7943
8	综合厂用电率（%）	1.322	1.315	1.305	1.389	1.367
9	开停机次数/次	818	784	825	810	788
10	水量利用率（%）	99.030	99.684	98.819	98.393	98.445
11	综合系数	8.483	8.408	8.379	8.362	8.609
12	洪水预报平均准确率（%）	70	70	68	70	73
13	空调系统用电率（%）	0.2471	0.2127	0.2034	0.2456	0.2629
14	照明系统用电率（%）	0.2171	0.1836	0.2078	0.2106	0.2426
15	抽水、滤水设备用电率（%）	0.1927	0.1896	0.1663	0.1983	0.2033
16	电热设备用电率（%）	0.3285	0.3578	0.3581	0.4097	0.3439
17	变压器耗电率（%）	0.337	0.371	0.370	0.325	0.314
18	机组等效可用系数（%）	93.425	91.815	91.598	91.781	93.048
19	电厂非计划停运次数/（次/台）	95	98	90	98	100
20	自动开机成功率（%）	91.707	91.371	92.086	88.480	89.673
21	继电保护及安全自动投入率（%）	90.333	90.694	90.982	90.009	90.080

表 3-5　　　　　　　　　　某水电厂能效指标 1 月份计算结果

序号	能效指标	时间/年-月				
		2007-01	2008-01	2009-01	2010-01	2011-01
1	节水增发电量/（万 kW·h）	502.532	314.542	652.542	1889.424	1624.380
2	水能利用提高率（%）	2.927	1.820	2.985	5.386	5.415

序号	能效指标	时间/年-月				
		2007-01	2008-01	2009-01	2010-01	2011-01
3	机组空转耗水量/万 m³	3032.64	8096.76	3032.64	8255.52	2857.68
4	机组空转小时/h	162	441	162	441	162
5	水轮机效率（%）	87.339	86.378	87.357	89.434	89.443
6	发电耗水率/ [m³/（kW·h）]	5.396	4.581	5.188	2.818	4.379
7	综合厂用电量/（万 kW·h）	228	237	275	431	474
8	综合厂用电率（%）	1.290	1.347	1.222	1.166	1.499
9	开停机次数/次	42	60	63	53	60
10	水量利用率（%）	100	100	100	100	100
11	综合系数	8.397	8.304	8.398	8.598	8.599
12	洪水预报平均准确率（%）	70	64	80	59	83
13	空调系统用电率（%）	0.2416	0.2054	0.1727	0.2015	0.2312
14	照明系统用电率（%）	0.2254	0.2174	0.2388	0.1747	0.2757
15	抽水、滤水设备用电率（%）	0.1828	0.1789	0.1711	0.1217	0.2448
16	电热设备用电率（%）	0.2184	0.4655	0.3788	0.2915	0.3187
17	变压器耗电率（%）	0.424	0.278	0.262	0.376	0.430
18	机组等效可用系数（%）	90.995	86.962	90.995	97.043	90.054
19	电厂非计划停运次数/（次/台）	8	7	7	6	9
20	自动开机成功率（%）	100.000	83.333	87.500	81.481	93.333
21	继电保护及安全自动投入率（%）	88.461	88.199	89.032	88.212	88.159

表 3-6　　　　　　　　　　　某水电厂能效指标 2 月份计算结果

序号	能效指标	时间/年-月				
		2007-02	2008-02	2009-02	2010-02	2011-02
1	节水增发电量/（万 kW·h）	465.707	583.340	1230.327	902.699	514.884
2	水能利用提高率（%）	2.988	4.177	6.597	2.966	1.777
3	机组空转耗水量/万 m³	3341.52	7737.12	3603.6	7737.12	2948.4
4	机组空转小时/h	182	398	182	398	182
5	水轮机效率（%）	87.384	88.397	90.450	87.383	86.368
6	发电耗水率/ [m³/（kW·h）]	5.532	4.374	4.198	3.072	2.863
7	综合厂用电量/（万 kW·h）	177	212	280	476	364
8	综合厂用电率（%）	1.103	1.457	1.408	1.519	1.234
9	开停机次数/次	58	63	57	57	49
10	水量利用率（%）	100	100	100	100	100
11	综合系数	8.401	8.498	8.696	8.401	8.303
12	洪水预报平均准确率（%）	73	68	68	55	79
13	空调系统用电率（%）	0.2026	0.2085	0.2464	0.2755	0.2732
14	照明系统用电率（%）	0.1781	0.2596	0.2465	0.2248	0.2159
15	抽水、滤水设备用电率（%）	0.1562	0.244	0.1987	0.2375	0.1694
16	电热设备用电率（%）	0.3041	0.4214	0.3337	0.4415	0.3028
17	变压器耗电率（%）	0.262	0.323	0.382	0.338	0.271
18	机组等效可用系数（%）	94.048	95.977	88.988	87.946	90.030

序号	能效指标	时间/年-月				
		2007-02	2008-02	2009-02	2010-02	2011-02
19	电厂非计划停运次数/（次/台）	9	8	7	9	8
20	自动开机成功率（%）	86.207	90.625	93.103	89.655	84.000
21	继电保护及安全自动投入率（%）	98.222	95.230	99.955	96.875	99.204

表 3-7   某水电厂能效指标 3 月份计算结果

序号	能效指标	时间/年-月				
		2007-03	2008-03	2009-03	2010-03	2011-03
1	节水增发电量/（万 kW·h）	317.043	627.836	127.754	554.019	1252.886
2	水能利用提高率（%）	1.764	4.222	0.486	1.674	4.122
3	机组空转耗水量/万 m³	5132.16	4661.28	4466.88	4661.28	4847.04
4	机组空转小时/h	264	249	264	249	264
5	水轮机效率（%）	86.347	88.450	85.319	86.316	88.376
6	发电耗水率/[m³/（kW·h）]	6.692	3.853	5.679	4.506	2.767
7	综合厂用电量/（万 kW·h）	253	212	325	451	457
8	综合厂用电率（%）	1.383	1.368	1.231	1.341	1.444
9	开停机次数/次	42	51	47	70	46
10	水量利用率（%）	100	100	100	100	100
11	综合系数	8.301	8.503	8.202	8.298	8.496
12	洪水预报平均准确率（%）	81	76	69	79	73
13	空调系统用电率（%）	0.2966	0.1819	0.2381	0.2953	0.2593
14	照明系统用电率（%）	0.2588	0.1943	0.2146	0.2011	0.1862
15	抽水、滤水设备用电率（%）	0.2001	0.2144	0.1246	0.2209	0.204
16	电热设备用电率（%）	0.2746	0.4006	0.225	0.3797	0.3505
17	变压器耗电率（%）	0.355	0.374	0.428	0.244	0.442
18	机组等效可用系数（%）	97.043	90.054	93.011	91.935	97.043
19	电厂非计划停运次数/（次/台）	9	8	9	7	7
20	自动开机成功率（%）	100.000	96.154	95.833	82.857	86.957
21	继电保护及安全自动投入率（%）	87.876	90.128	89.274	89.610	88.649

表 3-8   某水电厂能效指标 4 月份计算结果

序号	能效指标	时间/年-月				
		2007-04	2008-04	2009-04	2010-04	2011-04
1	节水增发电量/（万 kW·h）	967.530	834.414	1844.480	1430.490	2014.011
2	水能利用提高率（%）	2.897	2.964	4.161	2.922	4.167
3	机组空转耗水量/万 m³	6196.32	5722.2	4528.08	5722.2	4647.24
4	机组空转小时/h	331	331	331	289	289
5	水轮机效率（%）	87.352	87.389	88.437	87.388	88.435
6	发电耗水率/[m³/（kW·h）]	4.359	3.085	3.060	2.978	2.914
7	综合厂用电量/（万 kW·h）	381	346	545	785	678
8	综合厂用电率（%）	1.109	1.194	1.180	1.558	1.347
9	开停机次数/次	64	46	53	42	67

序号	能效指标	时间/年-月				
		2007-04	2008-04	2009-04	2010-04	2011-04
10	水量利用率（%）	100	100	100	100	100
11	综合系数	8.398	8.401	8.502	8.401	8.502
12	洪水预报平均准确率（%）	81	70	83	66	68
13	空调系统用电率（%）	0.2434	0.1529	0.1789	0.2893	0.2584
14	照明系统用电率（%）	0.227	0.143	0.1602	0.203	0.1531
15	抽水、滤水设备用电率（%）	0.1968	0.1505	0.1413	0.1925	0.2129
16	电热设备用电率（%）	0.2154	0.3428	0.3602	0.3943	0.3854
17	变压器耗电率（%）	0.227	0.404	0.340	3.943	0.338
18	机组等效可用系数（%）	90.000	90.972	91.944	90.000	89.028
19	电厂非计划停运次数/（次/台）	7	9	7	6	9
20	自动开机成功率（%）	84.375	86.957	81.481	76.190	94.118
21	继电保护及安全自动投入率（%）	90.903	91.299	93.236	90.958	91.813

表 3-9   **某水电厂能效指标 5 月份计算结果**

序号	能效指标	时间/年-月				
		2007-05	2008-05	2009-05	2010-05	2011-05
1	节水增发电量/（万 kW·h）	3500.149	2402.825	312.845	308.822	5113.347
2	水能利用提高率（%）	6.661	4.204	0.529	0.470	7.809
3	机组空转耗水量/万 m³	3880.8	4348.44	2469.6	4903.56	3669.12
4	机组空转小时/h	196	257	196	257	196
5	水轮机效率（%）	90.513	88.435	85.322	85.292	91.511
6	发电耗水率/［m³/（kW·h）］	2.886	2.064	2.894	2.340	2.994
7	综合厂用电量/（万 kW·h）	828	772	909	976	883
8	综合厂用电率（%）	1.477	1.296	1.528	1.478	1.251
9	开停机次数/次	57	59	50	54	40
10	水量利用率（%）	96.358	99.782	99.689	100	97.085
11	综合系数	8.702	8.502	8.203	8.200	8.798
12	洪水预报平均准确率（%）	66	80	68	57	80
13	空调系统用电率（%）	0.2624	0.2748	0.2166	0.2283	0.2746
14	照明系统用电率（%）	0.2725	0.1579	0.2071	0.2054	0.1962
15	抽水、滤水设备用电率（%）	0.2429	0.2032	0.1671	0.1954	0.1875
16	电热设备用电率（%）	0.3889	0.3591	0.41	0.5332	0.2643
17	变压器耗电率（%）	0.310	0.301	0.528	0.315	0.329
18	机组等效可用系数（%）	93.011	88.038	95.027	93.952	95.968
19	电厂非计划停运次数/（次/台）	8	7	9	9	6
20	自动开机成功率（%）	89.655	93.333	100.000	85.185	90.000
21	继电保护及安全自动投入率（%）	88.051	89.684	90.175	87.184	87.675

表 3-10 　　　　　　　　　　　　　某水电厂能效指标 6 月份计算结果

序号	能效指标	时间/年-月				
		2007-06	2008-06	2009-06	2010-06	2011-06
1	节水增发电量/（万 kW·h）	217.235	231.393	1281.320	2121.568	3353.238
2	水能利用提高率（%）	0.532	0.553	3.003	4.261	5.422
3	机组空转耗水量/万 m³	1890.72	3050.64	1381.68	3612.6	1599.84
4	机组空转小时/h	101	223	101	223	101
5	水轮机效率（%）	85.299	85.318	87.404	88.460	89.477
6	发电耗水率/［m³/（kW·h）］	2.886	2.064	2.894	2.340	2.994
7	综合厂用电量/（万 kW·h）	560	525	477	722	799
8	综合厂用电率（%）	1.363	1.247	1.085	1.391	1.225
9	开停机次数/次	54	56	55	49	44
10	水量利用率（%）	99.648	99.618	95.735	98.876	97.564
11	综合系数	8.200	8.202	8.403	8.504	8.602
12	洪水预报平均准确率（%）	76	66	77	82	56
13	空调系统用电率（%）	0.3088	0.1625	0.1492	0.2516	0.1841
14	照明系统用电率（%）	0.1649	0.2139	0.1756	0.2363	0.2255
15	抽水、滤水设备用电率（%）	0.2026	0.1663	0.1439	0.1953	0.1977
16	电热设备用电率（%）	0.3945	0.3153	0.2468	0.4805	0.3821
17	变压器耗电率（%）	0.292	0.389	0.371	0.227	0.236
18	机组等效可用系数（%）	89.028	93.056	93.056	90.000	91.944
19	电厂非计划停运次数/（次/台）	6	8	6	7	7
20	自动开机成功率（%）	88.889	89.286	96.429	84.000	90.909
21	继电保护及安全自动投入率（%）	92.799	93.278	91.764	91.806	89.896

表 3-11 　　　　　　　　　　　　　某水电厂能效指标 7 月份计算结果

序号	能效指标	时间/年-月				
		2007-07	2008-07	2009-07	2010-07	2011-07
1	节水增发电量/（万 kW·h）	1224.961	177.757	735.175	2742.783	1669.926
2	水能利用提高率（%）	4.189	0.549	1.773	6.664	2.954
3	机组空转耗水量/万 m³	1574.64	2605.68	1370.52	2605.68	1516.32
4	机组空转小时/h	81	154	81	154	81
5	水轮机效率（%）	88.403	85.291	86.364	90.477	87.384
6	发电耗水率/［m³/（kW·h）］	6.760	6.494	4.594	5.735	4.229
7	综合厂用电量/（万 kW·h）	399	435	485	627	728
8	综合厂用电率（%）	1.309	1.337	1.149	1.428	1.251
9	开停机次数/次	84	82	77	61	77
10	水量利用率（%）	99.090	98.479	94.751	94.255	97.606
11	综合系数	8.499	8.200	8.303	8.698	8.401
12	洪水预报平均准确率（%）	60	75	55	67	69
13	空调系统用电率（%）	0.2123	0.2116	0.2375	0.1735	0.3076
14	照明系统用电率（%）	0.1642	0.1558	0.1561	0.2175	0.2772
15	抽水、滤水设备用电率（%）	0.1669	0.1996	0.1652	0.2068	0.1637
16	电热设备用电率（%）	0.3486	0.3069	0.2913	0.4556	0.3124

序号	能效指标	时间/年-月				
		2007-07	2008-07	2009-07	2010-07	2011-07
17	变压器耗电率（%）	0.417	0.464	0.299	0.376	0.191
18	机组等效可用系数（%）	91.935	88.038	88.978	88.978	97.043
19	电厂非计划停运次数/（次/台）	8	6	6	9	9
20	自动开机成功率（%）	90.476	92.683	89.744	90.323	89.744
21	继电保护及安全自动投入率（%）	89.133	90.269	88.387	89.422	87.063

表 3-12　　　　　　　　　　某水电厂能效指标 8 月份计算结果

序号	能效指标	时间/年-月				
		2007-08	2008-08	2009-08	2010-08	2011-08
1	节水增发电量/（万 kW·h）	111.656	1299.963	1980.890	200.189	3835.684
2	水能利用提高率（%）	0.509	4.278	5.383	0.486	6.643
3	机组空转耗水量/万 m³	4942.08	2883.6	4276.8	2435.04	3706.56
4	机组空转小时/h	264	178	264	2435.04	264
5	水轮机效率（%）	85.289	88.448	89.448	85.278	90.503
6	发电耗水率/[m³/（kW·h）]	12.292	8.435	6.202	6.538	4.502
7	综合厂用电量/（万 kW·h）	313	409	562	539	868
8	综合厂用电率（%）	1.421	1.291	1.449	1.301	1.410
9	开停机次数/次	94	72	88	94	79
10	水量利用率（%）	95.450	99.098	97.105	94.955	92.560
11	综合系数	8.199	8.503	8.599	8.198	8.701
12	洪水预报平均准确率（%）	71	56	61	83	78
13	空调系统用电率（%）	0.2551	0.1782	0.214	0.2104	0.1793
14	照明系统用电率（%）	0.2701	0.2016	0.2131	0.1601	0.3149
15	抽水、滤水设备用电率（%）	0.2308	0.1544	0.1707	0.1904	0.2293
16	电热设备用电率（%）	0.2676	0.3096	0.5105	0.3555	0.467
17	变压器耗电率（%）	0.399	0.448	0.340	0.384	0.219
18	机组等效可用系数（%）	90.995	95.027	90.995	95.968	95.027
19	电厂非计划停运次数/（次/台）	7	9	7	9	9
20	自动开机成功率（%）	89.362	91.667	88.636	93.617	87.500
21	继电保护及安全自动投入率（%）	88.837	88.280	89.079	87.823	87.742

表 3-13　　　　　　　　　　某水电厂能效指标 9 月份计算结果

序号	能效指标	时间/年-月				
		2007-09	2008-09	2009-09	2010-09	2011-09
1	节水增发电量/（万 kW·h）	1679.255	149.540	143.851	1451.681	1951.950
2	水能利用提高率（%）	5.405	0.525	0.466	4.202	4.183
3	机组空转耗水量/万 m³	4692.6	3984.12	4351.32	2734.2	4692.6
4	机组空转小时/h	237	217	237	217	237
5	水轮机效率（%）	89.461	85.306	85.312	88.437	88.429
6	发电耗水率/[m³/（kW·h）]	8.864	9.267	7.270	7.186	5.459
7	综合厂用电量/（万 kW·h）	482	393	471	487	724

续表

序号	能效指标	时间/年-月				
		2007-09	2008-09	2009-09	2010-09	2011-09
8	综合厂用电率（%）	1.472	1.372	1.518	1.353	1.489
9	开停机次数/次	94	87	80	87	97
10	水量利用率（%）	99.911	100	99.770	97.796	100
11	综合系数	8.601	8.201	8.202	8.502	8.501
12	洪水预报平均准确率（%）	64	80	63	83	82
13	空调系统用电率（%）	0.2614	0.1618	0.3146	0.1944	0.3444
14	照明系统用电率（%）	0.2642	0.1796	0.2727	0.238	0.2655
15	抽水、滤水设备用电率（%）	0.1858	0.2005	0.1866	0.2038	0.2243
16	电热设备用电率（%）	0.3753	0.5163	0.3252	0.445	0.3623
17	变压器耗电率（%）	0.385	0.314	0.419	0.272	0.292
18	机组等效可用系数（%）	95.000	93.056	90.000	86.944	93.056
19	电厂非计划停运次数/（次/台）	8	8	8	7	8
20	自动开机成功率（%）	95.745	86.364	95.000	90.909	91.837
21	继电保护及安全自动投入率（%）	91.757	91.208	91.146	91.903	93.278

表 3-14 　　　　　　　　　　　　某水电厂能效指标 10 月份计算结果

序号	能效指标	时间/年-月				
		2007-10	2008-10	2009-10	2010-10	2011-10
1	节水增发电量/（万 kW·h）	1413.813	1898.464	1127.405	182.164	1380.366
2	水能利用提高率（%）	2.949	5.488	2.900	0.434	2.975
3	机组空转耗水量/万 m³	4348.44	4039.2	3608.28	3488.4	4718.52
4	机组空转小时/h	257	255	257	255	257
5	水轮机效率（%）	87.414	89.491	87.362	85.277	87.405
6	发电耗水率/［m³/（kW·h）］	4.900	8.111	6.768	5.654	7.315
7	综合厂用电量/（万 kW·h）	627	574	483	603	670
8	综合厂用电率（%）	1.270	1.573	1.207	1.430	1.402
9	开停机次数/次	75	68	93	68	78
10	水量利用率（%）	100	100	100	100	100
11	综合系数	8.404	8.604	8.399	8.198	8.403
12	洪水预报平均准确率（%）	75	75	73	67	70
13	空调系统用电率（%）	0.2127	0.3057	0.147	0.2445	0.2741
14	照明系统用电率（%）	0.1920	0.2096	0.2471	0.2121	0.1981
15	抽水、滤水设备用电率（%）	0.1988	0.277	0.1628	0.1904	0.2081
16	电热设备用电率（%）	0.3373	0.4237	0.3791	0.4014	0.2355
17	变压器耗电率（%）	0.330	0.356	0.272	0.382	0.486
18	机组等效可用系数（%）	97.043	91.935	91.935	88.038	93.952
19	电厂非计划停运次数/（次/台）	6	6	6	6	8
20	自动开机成功率（%）	97.368	100.000	95.745	94.118	87.179
21	继电保护及安全自动投入率（%）	90.040	90.202	88.280	87.883	87.386

表 3-15　　　　　　　　　　　某水电厂能效指标 11 月份计算结果

序号	能效指标	时间/年-月				
		2007-11	2008-11	2009-11	2010-11	2011-11
1	节水增发电量/（万 kW·h）	808.482	973.232	1443.923	1377.640	2992.962
2	水能利用提高率（%）	1.678	2.936	4.199	2.862	6.616
3	机组空转耗水量/万 m³	5042.16	3332.16	5578.56	3011.76	5685.84
4	机组空转小时/h	298	178	298	178	298
5	水轮机效率（%）	86.320	87.347	88.453	87.341	90.460
6	发电耗水率/［m³/（kW·h）］	4.020	6.655	5.773	3.926	4.267
7	综合厂用电量/（万 kW·h）	580	380	436	626	719
8	综合厂用电率（%）	1.184	1.114	1.217	1.264	1.491
9	开停机次数/次	88	68	75	81	90
10	水量利用率（%）	99.868	100	100	100	100
11	综合系数	8.299	8.397	8.504	8.397	8.697
12	洪水预报平均准确率（%）	61	61	61	60	73
13	空调系统用电率（%）	0.1839	0.2156	0.1829	0.2691	0.2964
14	照明系统用电率（%）	0.1628	0.1677	0.177	0.1956	0.3271
15	抽水、滤水设备用电率（%）	0.1471	0.1475	0.1697	0.2167	0.2209
16	电热设备用电率（%）	0.296	0.2	0.4082	0.3248	0.3854
17	变压器耗电率（%）	0.394	0.384	0.279	0.259	0.261
18	机组等效可用系数（%）	96.944	94.028	90.972	94.028	90.972
19	电厂非计划停运次数/（次/台）	6	8	6	9	7
20	自动开机成功率（%）	90.909	91.176	84.211	92.683	88.889
21	继电保护及安全自动投入率（%）	90.931	93.014	92.611	90.000	92.278

表 3-16　　　　　　　　　　　某水电厂能效指标 12 月份计算结果

序号	能效指标	时间/年-月				
		2007-12	2008-12	2009-12	2010-12	2011-12
1	节水增发电量/（万 kW·h）	1714.214	306.709	95.291	516.265	2760.999
2	水能利用提高率（%）	5.450	1.734	0.463	1.669	7.866
3	机组空转耗水量/万 m³	6463.80	5598.72	6320.16	5702.40	7756.56
4	机组空转小时/h	399	288	399	288	399
5	水轮机效率（%）	89.475	86.310	85.290	86.301	91.520
6	发电耗水率/［m³/（kW·h）］	5.281	10.422	7.486	5.478	4.344
7	综合厂用电量/（万 kW·h）	464	236	325	429	579
8	综合厂用电率（%）	1.399	1.312	1.572	1.365	1.529
9	开停机次数/次	66	72	87	94	61
10	水量利用率（%）	100	100	100	100	100
11	综合系数	8.602	8.298	8.200	8.297	8.799
12	洪水预报平均准确率（%）	61	71	61	77	62
13	空调系统用电率（%）	0.303	0.2078	0.1724	0.3417	0.3105
14	照明系统用电率（%）	0.2541	0.1623	0.2801	0.2775	0.2662
15	抽水、滤水设备用电率（%）	0.1737	0.136	0.249	0.2194	0.1843

续表

序号	能效指标	时间/年-月				
		2007-11	2008-11	2009-11	2010-11	2011-11
16	电热设备用电率（%）	0.3734	0.3728	0.3841	0.31	0.3269
17	变压器耗电率（%）	0.295	0.434	0.488	0.216	0.441
18	机组等效可用系数（%）	95.027	95.027	93.011	95.968	91.935
19	电厂非计划停运次数/（次/台）	7	9	6	9	9
20	自动开机成功率（%）	90.909	94.444	97.727	89.362	90.323
21	继电保护及安全自动投入率（%）	87.910	88.024	89.872	89.247	88.925

选择了水能利用提高率、综合厂用电率、水量利用率和洪水预报平均准确率四个能效指标绘制 2007～2011 年的 1 月、4 月、7 月、11 月的计算结果，如图 3-1～图 3-4 所示。

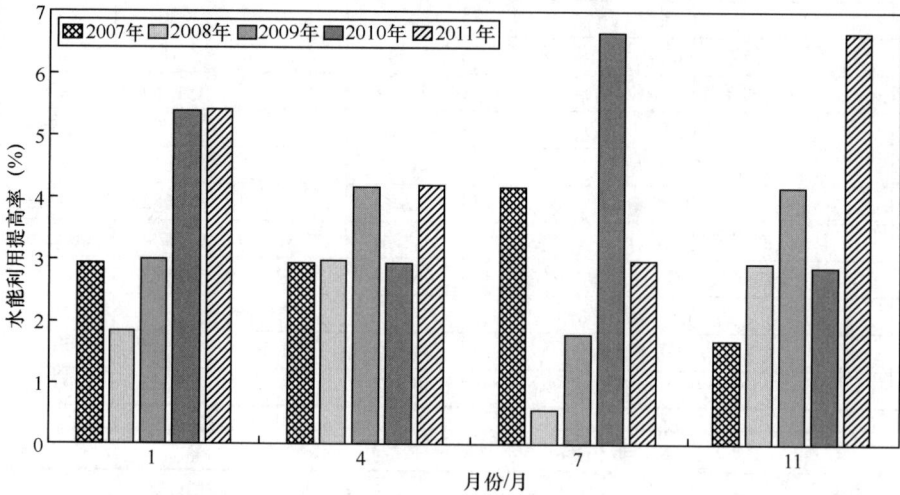

图 3-1　2007～2011 年水能利用提高率计算结果

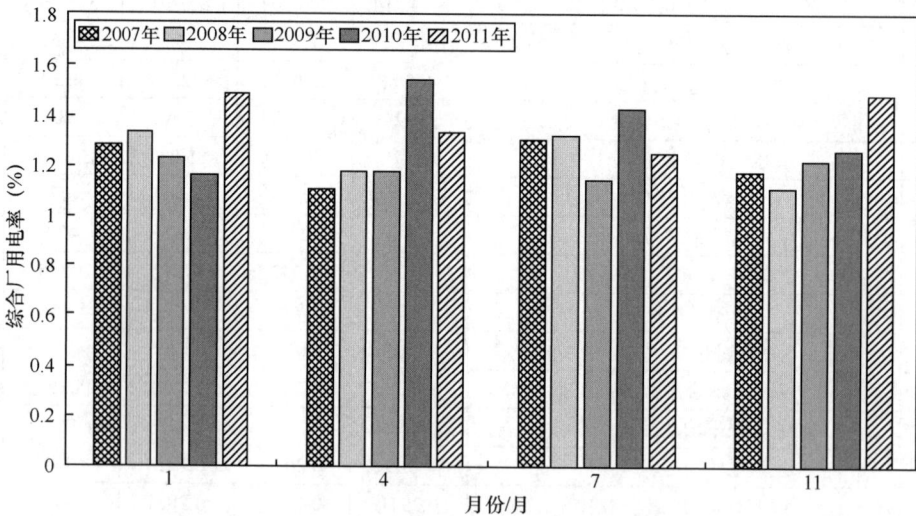

图 3-2　发电耗水率计算结果

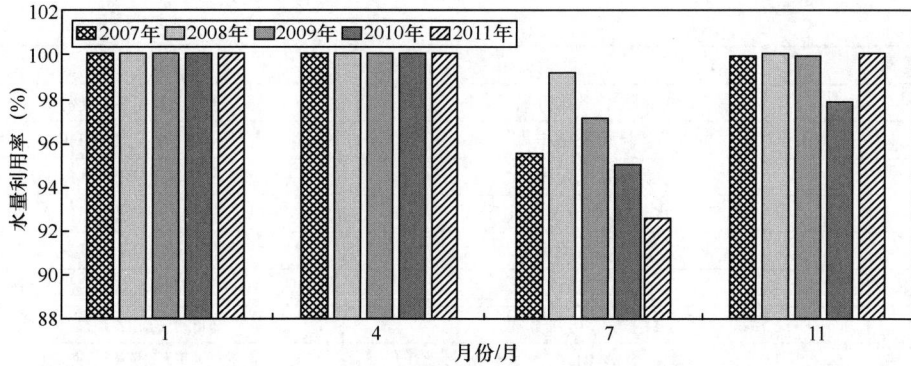

图 3-3 水量利用率计算结果

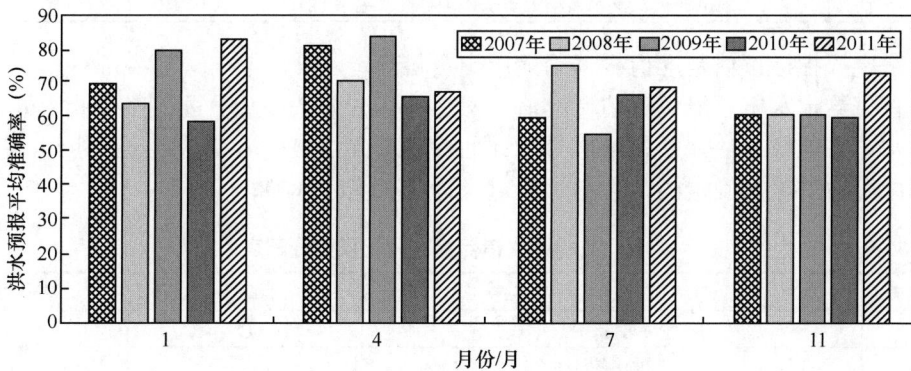

图 3-4 洪水预报平均准确率计算结果

3.3 水电厂能效评估分析

对水电厂采用打分的方法进行评估，进行能效评估之前，应建立相应的评估标准。

（1）水电厂能效评估标准见表 3-17。

表 3-17 水电厂能效评估标准

序号	能效指标	评估标准
1	节水增发电量	每低于标准值 1%扣 2 分
2	水能利用提高率	每低于标准值 0.5%扣 2 分
3	机组空转耗水量	每高于标准值 0.5%扣 1 分
4	机组空转小时	每高于标准值 0.5%扣 2 分
5	水轮机效率	每低于标准值 0.5%扣 4 分
6	发电耗水率	每高于标准值 1%扣 3 分
7	综合厂用电量	每高于标准值 0.5%扣 2 分
8	综合厂用电率	每高于标准值 1%扣 2 分
9	开停机次数	每高于标准值 0.5%扣 1 分
10	水量利用率	每低于标准值 0.5%扣 2 分
11	综合系数	每低于标准值 1%扣 2 分

序号	能效指标	评估标准
12	洪水预报平均准确率	每低于标准值 1% 扣 2 分
13	空调系统用电率	每高于标准值 0.5% 扣 1 分
14	照明系统用电率	每高于标准值 0.5% 扣 0.5 分
15	抽水、滤水设备用电率	每高于标准值 1% 扣 1 分
16	电热设备用电率	每高于标准值 0.5% 扣 0.5 分
17	变压器耗电率	每高于标准值 1% 扣 2 分
18	机组等效可用系数	每低于标准值 2% 扣 2 分
19	电厂非计划停运次数	每高于标准值 10% 扣 2 分
20	自动开机成功率	每低于标准值 1% 扣 3 分
21	继电保护及安全自动装备投入率	每低于标准值 1% 扣 3 分

（2）水电厂指标评估基准值根据同期历史资料确定。

（3）首先给定水电厂能效评估标准值，然后将标准分按权重分配到各个指标及子指标。

基于水电厂能效评估体系，给定节能评估标准总分 500 分。各部分指标所占权重是其在发电成本中所占的比例确定的，各指标权重及标准分见表 3-18。

表 3-18 水电厂节能评估指标标准分及权重分配表

序号	能效指标	标准分	权重（%）
1	节水增发电量	15	3
2	水能利用提高率	40	8
3	机组空转耗水量	20	4
4	机组空转小时	15	3
5	水轮机效率	40	8
6	发电耗水率	60	12
7	综合厂用电量	20	4
8	综合厂用电率	30	6
9	开停机次数	18	3.6
10	水量利用率	18	3.6
11	综合系数	20	4
12	洪水预报平均准确率	18	3.6
13	空调系统用电率	12	2.4
14	照明系统用电率	12	2.4
15	抽水、滤水设备用电率	12	2.4
16	电热设备用电率	12	2.4
17	变压器耗电率	18	3.6
18	机组等效可用系数	30	6
19	电厂非计划停运次数	30	6
20	自动开机成功率	30	6
21	继电保护及安全自动装备投入率	30	6

基于水电厂基础数据，结合水电厂能效评估体系、能效评估方法、能效评估标准，对水电厂 2011 年指标进行能效评估，并提出相应的节能措施，具体评估结果如下：

（1）节水增发电量。基准值为 12 922.577 万 kW·h，指标计算结果为 28 464.633 万 kW·h，标准分为 15，实际得分为 15，评估等级为优。

提出以下节能措施：①保持高水头工作状态，减少水头损失。水头损失包括拦污栅、引水管道损失、尾水壅高等；②减少流量损失，能量损失包括大坝渗漏、引水管道漏水、机组停机和空载时的流量损失等，可在在线监测中与下游水文站数据对比中发现，发现后也须及时处理；③合理安排机组启停规则，实时监测水库水位及来水量，保证机组在高效率区运行。

（2）水能利用提高率。基准值为 2.8%，指标计算结果为 5.15%，标准分为 40，实际得分为 40，评估等级为优。

提出以下节能措施：①保持高水头工作状态，减少水头损失，水头损失包括拦污栅、引水管道损失、尾水率高等；②减少流量损失，能量损失包括大坝渗漏、引水管道漏水、机组停机和空载时的流量损失等，可在在线监测中与下游水文站数据对比中发现，发现后也须及时处理；③合理安排机组启停规则，实时监测水库水位及来水量，保证机组在高效率区运行。

（3）机组空转耗水量。基准值为 50 537.880 万 m^3，指标计算结果为 48 645.720 万 m^3，标准分为 20，实际得分为 20，评估等级为优。

提出以下节能措施：①保持当前厂内经济运行状态，以机组耗水量最小目标，建立经济调度模型，减少机组空转耗水量；②实时动态监控各台机组，优化并网，缩短并网时间，减少空转耗水量；③进一步优化机组备用容量，减少空转时间，从而减少空转水量。

（4）机组空转小时。基准值为 2772h，指标计算结果为 2772h，标准分为 15，实际得分为 15，评估等级为优。

提出以下节能措施：①保持机组高效率运行状态；②做好负荷预测工作，合理安排备用容量，减少机组空转时间；③缩短并网时间，减少机组空载运行时间；④实现机组的实时动态监控，及时有效地开启和停止机组运行。

（5）水轮机效率。基准值为 87.282%，指标计算结果为 89.109%，标准分为 40，实际得分为 40，评估等级为优。

提出以下节能措施：水轮机运行状态良好，时刻关注导叶和浆叶的协调开度，使机组在较高的效率下运行。

（6）发电耗水率。基准值为 4.966 $m^3/(kW·h)$，指标计算结果为 4.057 $m^3/(kW·h)$，标准分为 60，实际得分为 60，评估等级为优，节能措施为：①保持高水头的运行，考虑丰水期和枯水期的变化；②及时清理进水口杂物，减少流量和水头损失；③保持水轮机的高效率运行，优化导叶开度；④进一步优化调度，减少水库弃水。

（7）综合厂用电量。基准值为 5573 万 kW·h，指标计算结果为 7943 万 kW·h，标准分为 20，实际得分为 0，评估等级为差。

提出以下节能措施：①实现厂用电气的系统自动化操作，通过计算机实时操作电器的实时开启和关闭，缩短开启和关闭时间，从而减少电器的耗电量。②厂用生产设备中，电动机占的容量比重最大，对该类设备的节能更为重要。早期电动机，由于材料、设计及工艺的局限性，运行中的能耗相对较大，随着科技进步，应对电动机设备进行改造，广泛采用高效率电动机、变频电动机或采用变频控制技术的调速系统，不仅能够节约电能，还能降低电力设备的铁损、铜损，且系统运行可靠性也大大提高。③照明系统也占厂用电的一部分，对照明系统的节能可从五个方面入手：使用高效节能的照明灯具、器具；采用按用途、场地分类控制的线路；采用便于开关及调光的控制开关和电器；根据时间、场地、用途选择合适的照度计控制方式；充分利用天然光及引入节电照明控制系统。④加强电能计量的准确性：由于大多数高压隔离开关安装在室外，其二次辅助接点极易生锈和腐蚀，导致转换不灵活、卡涩、接触不良。所以要重点维护高压隔离开关二次辅助接点，保证其转换灵活、接触可靠；定期监测电压互感器二次回路降压，对二次回路连接导线、电压互感器二次回路开关、熔丝及接线端子应进行经常性的检查与维护，防止因绝缘破损、接头松动、锈蚀或腐蚀、接触不良等原因造成电能表计量误差；对电能计量装置进行经常性的在线检查维护，对其工作电源、时钟、温度、走字、报表打印等要认真检查分析，如果某一方面有异常现象，应立即予以消除。

（8）综合厂用电率。基准值为1.322%，指标计算结果为1.367%，标准分为30，实际得分为24，评估等级为良。

提出以下节能措施：①进一步降低空调系统用电率，实时测试周围环境温度，合理地安排空调工作时间；②进一步减少抽水、滤水设备用电率，实时检查抽水、滤水的使用情况，尽量减少设备的使用时间；③进一步降低照明系统用电率，采用便于开关和调光的开关和电气，根据时间、场地和用途选择合适的照明电器和照明方式，充分利用天然光；④进一步降低电热设备用电率，更换常规的功率大、发热效率低的电阻丝，采用实时监测系统控制电热设备的开启和停用，根据外界条件实时判断需要开启电热设备的数量及时间。

（9）开停机次数。基准值为810次，指标计算结果为788次，标准分为18，实际得分为18，评估等级为优。

提出以下节能措施：①保持厂内经济运行的良好状态，根据负荷曲线，实时合理地制订开停机次数及时间；②做好负荷预测工作，能够在最短的时间内确定最优的机组启停规则，减少开停机次数，减少对机组的损伤。

（10）水量利用率。基准值为98.819%，指标计算结果为98.445%，标准分为18，实际得分为18，评估等级为优。

提出以下节能措施：①减少流量损失，能量损失包括大坝渗漏、引水管道漏水、机组停机和空载时的流量损失等，可在在线监测中与下游水文站数据对比中发现，发现后也须及时处理。②减少水库弃水，水库弃水增多是水量利用率提高的主要原因。当库水位超过汛限水位时，按照水库调度规程就需要开闸弃水，因此，应该在洪水到来之前，做到准确预报、科学调度，及时加大发电量，腾出库容，可以减少或避免弃水。

（11）综合系数。基准值为8.408，指标计算结果为8.609，标准分为20，实际得分为20，评估等级为优。

提出以下节能措施：①提高水轮机工作效率，改变导叶和桨叶的协联开度，使机组在高效率下运行；②做好水库来水预报工作，实现水库优化调度，减少水库弃水量，使发电量达到最大；③减少水头损失和流量损失。

（12）洪水预报平均准确率。基准值为70%，指标计算结果为72.75%，标准分为18，实际得分为18，评估等级为优。

提出以下节能措施：①保持洪水样本数据监测的可靠性和实时性；②保证模型参数估计的实时性；③采用洪水预报系统进行数据的实时采集、参数的实时估计和结果的实时预报；④预报后注意结果和规律的总结，以提高下次洪水预报的准确率。

（13）空调系统用电率。基准值为2.456%，指标计算结果为2.629%，标准分为12，实际得分为 0，评估等级为差。

提出以下节能措施：①尽量使用天然冷源，水电站水库深层低温水是空调系统的最佳冷源，经济实惠。为了在空调系统中充分利用水库水，降低设备投资，科学分析水库水温，合理利用水库天然冷源；②设置有利于风路走向的通风系统，夏季以空调+机械通风，过渡季以自然通风+局部机械通风，充分利用地下厂房隧洞的降温条件，尽可能采用自然通风和水库低温水制冷，以降低厂用电。③采用全厂微机控制系统，通风空调控制系统根据机组投运台数，自动调整为最佳状态。

（14）照明系统用电率。基准值为 2.171%，指标计算结果为 2.426%，标准分为 12，实际得分为 0.5，评估等级为差。

提出以下节能措施：①使用高效节能的照明灯具、器具；②采用按用途、场地分类控制的线路；③采用便于开关及调光的控制开关和电器；④根据时间、场地、用途选择合适的照度计控制方式；⑤充分利用天然光及引入节电照明控制系统。

（15）抽水、滤水设备用电率。基准值为 1.927%，指标计算结果为 2.033%，标准分为 12，实际得分为 7，评估等级为差。

提出以下节能措施：①实现抽水、滤水设备的实时自动监测、自动启闭，根据水电厂的需求适时对抽水、滤水设备进行开启和关闭；②在满足抽水和滤水的基本要求下，尽可能降低供水泵和滤水器等设备的工作容量，采用高效率的工作设备，降低厂用电负荷；③在可行条件下，实现机组冷却的顶盖取水。顶盖供水是利用水轮机顶盖下转轮上冠密宫的有压漏水作为机组技术供水，属于废水利用，不额外消耗水能和电能，设备少，投资省，经济效益好。

（16）电热设备用电率。基准值为 3.578%，指标计算结果为 3.439%，标准分为 12，实际得分为 12，评估等级为优。

提出以下节能措施：①进一步加强电热设备控制，合理投入或停用电热装置；②对电热设备进行实时自动监测，根据周围环境的变化，实现电热设备的自动运行与停用。

（17）变压器耗电率。基准值为 0.337%，指标计算结果为 0.314%，标准分为 18，实际得分为 18，评估等级为优。

提出以下节能措施：①保持高电压水平。变压器功率损失包括有功功率损失和无功功率损耗，变压器中的可变损耗与运行电压的二次方成反比，因此，提高电压可以减少变压器电量损失，但也不能盲目提高电压，提高电压一般有以下几种措施：调整有载变压器的分接头挡位，及时调整变压器的分接头，使运行电压经常在允许的电压波动范围内运行；升高发电机机端电压；投入无功电容补偿装置，主变压器无功补偿容量不足，引起受进无功功率过大，造成有功损耗相应增加。②根据季节性特点，切除空载运行变压器，减少空载损耗。③保持变压器经济运行状态，根据发电计划，合理安排机组的运行方式和负荷，优化变压器经济运行。④保持变压器的维护管理状态，对变压器支持绝缘子、悬式绝缘子、瓷质套管，因积灰雾天或雨天表面泄露增加，做到"逢停必扫"的原则，减少损耗。⑤保持功率因数当前状态。

（18）机组等效可用系数（各机组之和）。基准值为 92.317%，指标计算结果为 93.048%，标准分为 30，实际得分为 30，评估等级为优，节能措施为：①做好负荷预测，合理安排机组；②提高机组运行水头，减少机组等效降出力的时间；③做好水库来水预报工作，做好水库调度工作，尽量避免降出力。

（19）电厂非计划停运次数。基准值为 98 次，指标计算结果为 100 次，标准分为 30，实际得分为 30，评估等级为优。

提出以下节能措施：①做好水库来水预报工作，合理安排机组运行；②实时监测机组性能，保证机组良好运行状态，防止机组非计划停机的发生；③做好负荷预测工作，提前制订好厂内运行计划，减少非计划停机事件的发生。

（20）自动开机成功率。基准值为 91.371%，指标计算结果为 89.673%，标准分为 30，实际得分为 27，评估等级为优。

提出以下节能措施：①保持开机一次并网成功率高的良好状态；②实时检查开机系统是否存在问题，及时解决问题，提高自动开机成功率。

（21）继电保护及安全自动装置投入率。基准值为 90.3%，指标计算结果为 390.08%，标准分为 30，实际得分为 30，评估等级为优。

提出以下节能措施：安全自动装置主要包括调速器、水车自动控制装置、过速保护装置、自动准同期装置、油压自动装置、空气压缩自动装置、集水井排水自动装置、液压启闭系统自动装置、励磁调节器、自动失磁装置、静止可控硅励磁装置、LCU、计算机主机监控系统、远动装置、备用电源自动投入装置，提高继电保护与安全自动装置投入率，必须保证每个环节的正常运行，发现问题要及时排除问题。

3.4　水电厂节能潜力分析

基于 3.3 节水电厂 2011 年能效指标评估结果，对水电厂进行节能潜力分析，分析结果如下。

水电厂除依靠水库调度人员精心计算、合理调度之外，按照水电厂开停机次数频繁、停机时间长等特点，在水电生产运行过程中，有以下的节水节能潜力：

（1）节水增发电量。水电厂 2011 年增发电量 28 464.633 万 kW·h，与基准值 12 922.577 万 kW·h 相比增加了 15 542.06 万 kW·h，有明显的节能效果。这些电量按照平均上网电价为 0.3 元/（kW·h）计算，可增加收益 4 662.62 万元，达到更好的节能效果。

（2）机组空转耗水量。水电厂 2011 年机组空转耗水量 48 645.72 万 m³，与基准值 50 537.88 万 m³ 相比降低了 1892.16 万 m³，按 2011 年发电耗水率 4.057m³/（kW·h）计算，减少的这部分水能可实现发电量 466.39 万 kW·h。这些电量按照平均上网电价为 0.3 元/（kW·h）计算，年可增加收入 139.92 万元，达到更好的节能效果。

（3）开停机次数。运行人员在开机并网过程中，加快开机并网速度是节水节能的重要措施。2011 年水电厂一年启停次数大约在 788.0 次，与基准值 810.0 次相比，减少了 22.0 次，按照一次开停机组耗时 5min，开停机组耗水量为 40m³/s 计算，可节约水量 264 000.0m³。按 2011 年发电耗水率 4.057m³/（kW·h）计算，这些节约的水量可多发电 6.51 万 kW·h，这些电量按照平均上网电价为 0.3 元/（kW·h）计算，每年可节约 1.95 万元，达到更好的节能效果。

（4）综合厂用电量。2011 年水电厂实际厂用电量 7943.0 万 kW·h，与考核指标 5573.0 万 kW·h 相比高了 2370.0 万 kW·h，还有很大的节能潜力，这些电量按照平均上网电价为 0.3 元/（kW·h）计算，可省 711.0 万元。

（5）空调系统用电率。2011 年水电厂实际空调系统用电率 0.263%，与考核指标 0.245% 相比高了 0.018 个百分点，还有很大节能潜力，按 2011 年发电量 581 170.0 万 kW·h 计算，可节省 104.61 万 kW·h 的电量。这些电量按照平均上网电价为 0.3 元/(kW·h) 计算，可节省 31.38 万元。

（6）照明系统用电率。2011 年水电厂实际照明系统用电率 0.243%，与考核指标 0.217% 相比高了 0.026 个百分点，还有很大节能潜力，按 2011 年发电量 581 170.0 万 kW·h 计算，可节省 151.1 万 kW·h 的电量。这些电量按照平均上网电价为 0.3 元/(kW·h) 计算，可节省 45.33 万元。

（7）抽水、滤水设备用电率。2011 年该水电站实际抽水、滤水设备用电率 0.203%，与考核指标 0.193% 相比高了 0.01 个百分点，还有很大节能潜力，按 2011 年发电量 581170.0 万 kW·h 计算，可节省 58.12 万 kW·h 的电量。这些电量按照平均上网电价为 0.3 元/(kW·h) 计算，可节省 17.44 万元。

（8）电热设备用电率。2011 年水电厂实际电热设备用电率 0.344%，与考核指标 0.358% 相比低了 0.014 个百分点，有明显的节能效果，按年发电量 581 170.0 万 kW·h 计算，可节省 81.36 万 kW·h 的电量。这些电量按照平均上网电价为 0.3 元/(kW·h) 计算，可节省 24.41 万元。

（9）变压器耗电率。2011 年水电厂实际变压器耗电率 0.314%，与考核指标 0.337% 相比低了 0.023 个百分点，有明显的节能效果，按年发电量 581 170.0 万 kW·h 计算，可节省 133.67 万 kW·h 的电量。这些电量按照平均上网电价为 0.3 元/(kW·h) 计算，可节省 40.1 万元。

（10）发电耗水率。2011 年水电厂发电耗水率 4.057m³/(kW·h)，与基准值 4.966m³/(kW·h) 相比降低了 0.91m³/(kW·h)。按 2011 年发电量 581 170.0 万 kW·h 计算，节省了 528 283.53 万 t 的水，按 2011 年发电耗水率 4.057m³/(kW·h) 计算，节省的这部分水能可实现发电量 130 215.31 万 kW·h。按照平均上网电价为 0.3 元/(kW·h) 计算，可增加收入 39 064.59 万元，达到更好的节能效果。

3.5 水电厂能效评估系统

1. 水电厂能效评估组件库建立

针对水电厂能效评估的特点，采用组件封装技术将能效评估需要的指标、评估方法封装成组件并分类形成组件库。水电厂能效评估组件库见表 3-19。

表 3-19　　　　　　　　　　　水电厂能效评估组件库

序号	组件名称	序号	组件名称
1	节水增发电量	13	综合系数
2	水能利用提高率	14	洪水预报平均准确率
3	机组空转耗水量	15	空调系统用电率
4	机组空转小时数	16	照明系统用电率
5	水轮机效率	17	抽水、滤水系统用电率
6	发电耗水率	18	电热系统用电率
7	综合厂用电量	19	变压器耗电率
8	综合厂用电率	20	机组等效可用系数
9	开停机次数	21	电厂非计划停运次数
10	水量利用率	22	自动开机成功率
11	单位电量库容损失	23	继电保护及安全自动装置投入率
12	能效基础数据	24	打分评估法

2. 水电厂能效评估系统实现

基于综合集成技术和能效支持平台，采用应用系统的快速构建方式搭建水电厂能效评估系统，如图 3-5 所示。

图 3-5　水电厂能效评估系统

基于水电厂能效评估系统，对水电厂进行能效评估。

（1）能效数据录入。能效数据是评估的基础，该系统提供两种数据录入方式，一种是从 Microsoft Excel 导入数据，另一种是手动导入数据，水电厂能效数据管理系统如图 3-6 所示。

图 3-6　水电厂能效数据管理系统

（2）空转小时能效指标计算。通过单击指标层中的各个指标，可实现能效指标计算，如图 3-7 所示。

图 3-7　能效指标计算

（3）能效指标评估。能效指标评估如图 3-8 所示。

图 3-8　能效指标评估

（4）能效分析报告。系统提供能效分析报告的自动生成功能，如图 3-9 所示，输入时间，即可得到对应时间的能效分析报告。

图 3-9　能效分析报告

第4章 火电厂能效评估

4.1 火电厂能效基础数据收集

以我国甘肃某火电厂为应用对象，进行数据收集。先后收集火电厂 2007~2011 年数据，通过分析和处理，得到逐月统计数据，现列出 2011 年能效数据，见表4-1。

表 4-1   某火电厂 2011 年能效数据

时间/年-月	燃料量/(kg/h)	主蒸汽流量/(kg/h)	主蒸汽焓/(kJ/kg)	给水焓/(kJ/kg)	再热器入口蒸汽流量/(kg/h)	再热器进口蒸汽焓/(kJ/kg)	再热器出口蒸汽焓/(kJ/kg)	再热器减温水流量/(kg/h)
2011-01	41 628	389 998	3478.7	1016.1	315 788	3079	3552	9800
2011-02	42 654	379 967	3478.7	1016.1	324 557	3079	3552	10 541
2011-03	40 524	360 500	3478.7	1016.1	314 511	3079	3552	9954
2011-04	38 978	375 181	3478.7	1016.1	324 541	3079	3552	9847
2011-05	41 628	394 877	3478.7	1016.1	331 244	3079	3552	10 145
2011-06	39 044	386 451	3478.7	1016.1	313 415	3079	3552	9912
2011-07	41 644	381 578	3478.7	1016.1	334 521	3079	3552	10 114
2011-08	39 856	368 756	3478.7	1016.1	314 520	3079	3552	10 248
2011-09	39 745	364 587	3478.7	1016.1	334 722	3079	3552	9856
2011-10	39 641	376 872	3478.7	1016.1	315 447	3079	3552	9797
2011-11	42 954	405 451	3478.7	1016.1	314 111	3079	3552	10 741
2011-12	41 628	384 576	3478.7	1016.1	314 156	3079	3552	10 154

时间/年-月	再热器减温水焓/(kJ/kg)	饱和蒸汽抽出量/(kg/h)	饱和水焓/(kJ/kg)	饱和蒸汽焓/(kJ/kg)	排污水流量/(kg/h)	锅炉蒸发量/(kg/h)	过热蒸汽焓/(kJ/kg)	锅炉给水量/(kg/h)
2011-01	1000.8	50 000.00	1057.6	2685	11 400.00	380.474	3544.1	492.628
2011-02	1000.8	49 217.00	1057.6	2685	11 136.00	362.294	3544.1	486.0267
2011-03	1000.8	49 861.00	1057.6	2685	12 236.00	386.1389	3544.1	539.8693
2011-04	1000.8	47 012.00	1057.6	2685	11 254.00	392.0124	3544.1	509.0198
2011-05	1000.8	49 524.00	1057.6	2685	9875.00	396.076	3544.1	502.5344
2011-06	1000.8	47 154.00	1057.6	2685	9451.00	373.9154	3544.1	524.0886
2011-07	1000.8	49 351.00	1057.6	2685	11 541.00	375.7613	3544.1	516.0611
2011-08	1000.8	49 873.00	1057.6	2685	9824.00	367.5569	3544.1	481.3423
2011-09	1000.8	48 571.00	1057.6	2685	8968.00	381.5297	3544.1	521.7776
2011-10	1000.8	49 522.00	1057.6	2685	10 142.00	396.2512	3544.1	505.9947
2011-11	1000.8	48 126.00	1057.6	2685	12 316.00	395.8922	3544.1	527.0327
2011-12	1000.8	50 356.00	1057.6	2685	10 985.00	365.0182	3544.1	531.8757

续表

时间/年-月	汽轮发电机组主蒸汽流量/(kg/h)	汽轮发电机组主蒸汽焓/(kJ/kg)	汽轮发电机组主给水流量/(kg/h)	汽轮发电机组主给水焓/(kJ/kg)	汽轮发电机组再热蒸汽流量/(kg/h)	汽轮发电机组再热蒸汽焓/(kJ/kg)	汽轮发电机组高压缸排气流量/(kg/h)	汽轮发电机组排气焓/(kJ/kg)
2011-01	365.3000	3431.5	493.4590	1060.8	335.7880	3244.1	280.6000	2345.696
2011-02	370.0000	3431.5	480.4060	1060.8	304.5570	3244.1	251.4520	2345.696
2011-03	380.5000	3431.5	483.7590	1060.8	314.5110	3244.1	264.6210	2345.696
2011-04	375.1810	3431.5	491.2130	1060.8	324.5410	3244.1	267.5450	2345.696
2011-05	356.8120	3431.5	536.3800	1060.8	331.2440	3244.1	298.1240	2345.696
2011-06	364.2500	3431.5	521.8190	1060.8	323.4150	3244.1	274.5810	2345.696
2011-07	371.5780	3431.5	491.5050	1060.8	334.5210	3244.1	267.8540	2345.696
2011-08	368.7560	3431.5	501.5650	1060.8	314.5200	3244.1	267.4450	2345.696
2011-09	384.1840	3431.5	510.5320	1060.8	334.7220	3244.1	285.8540	2345.696
2011-10	376.8650	3431.5	486.8000	1060.8	346.2470	3244.1	301.4940	2345.696
2011-11	385.4470	3431.5	496.6900	1060.8	354.1110	3244.1	295.4770	2345.696
2011-12	374.9540	3431.5	540.0510	1060.8	314.1560	3244.1	267.8540	2345.696

时间/年-月	汽轮发电机组锅炉过热器减温水流量/(kg/h)	汽轮发电机组过热器减温水焓/(kJ/kg)	汽轮发电机组锅炉再热器减温水流量/(kg/h)	汽轮发电机组锅炉再热器减温水焓/(kJ/kg)	汽轮机输出电功率/kW	发电厂用电量/(万kW·h)	按规定应该扣除的厂用电量/(万kW·h)	发电量/(万kW·h)
2011-01	305.4520	986.8	175.9490	995.7	78.89	1201.17	22.1400	10 763.00
2011-02	318.8540	986.8	168.6410	995.7	78.89	998.35	5.3500	8836.43
2011-03	325.0050	986.8	145.5510	995.7	78.89	1098.10	13.3200	9599.56
2011-04	311.2480	986.8	154.4850	995.7	78.89	1114.31	16.1900	9592.20
2011-05	303.4880	986.8	119.8120	995.7	78.89	982.52	12.1800	8354.20
2011-06	332.0960	986.8	135.2140	995.7	78.89	1047.88	20.2300	8863.92
2011-07	328.4570	986.8	165.4540	995.7	78.89	792.59	5.2500	6270.96
2011-08	294.2810	986.8	115.3140	995.7	78.89	761.16	1.2700	7812.08
2011-09	326.1170	986.8	186.9540	995.7	78.89	842.92	2.3900	6728.89
2011-10	321.4840	986.8	166.9410	995.7	78.89	1168.16	13.3200	10 046.03
2011-11	335.9580	986.8	205.6350	995.7	78.89	1099.94	11.3600	10 054.78
2011-12	317.4160	986.8	122.4570	995.7	78.89	1383.11	21.2600	12 970.46

时间/年-月	上网供电量/(万kW·h)	外购电量/(万kW·h)	用于供热的热量/GJ	纯发电用的厂用电量/(万kW·h)	纯热网用的厂用电量/(万kW·h)	煤耗量/t	管道效率	发电用油/t
2011-01	9599.921	59.0114	59 122.92	31.0700	22.3100	36 608.06	0.98	95.8083
2011-02	7870.997	54.0765	51 074.02	43.3700	27.4300	30 794.71	0.98	49.7929
2011-03	8541.371	61.1508	66 222.91	46.9800	25.7300	35 205.75	0.98	73.8379
2011-04	8495.737	39.0666	26 416.43	48.4600	24.6400	34 485.53	0.98	66.1029
2011-05	7397.834	47.3835	53 875.38	42.6800	21.5400	25 279.65	0.98	92.0431
2011-06	7856.384	51.1441	51 786.00	30.9600	23.4500	27 226.91	0.98	83.7742
2011-07	5492.104	35.4535	32 998.00	35.3900	22.3900	23 154.40	0.98	64.2129
2011-08	6968.209	38.6886	43 475.87	34.0900	21.5700	20 734.60	0.98	36.1842
2011-09	5905.369	40.5586	40 615.49	37.4400	23.6900	22 916.86	0.98	31.2500
2011-10	8899.754	42.7139	35 795.41	40.7100	22.0900	35 539.17	0.98	99.800

续表

时间/年-月	上网供电量/(万 kW·h)	外购电量/(万 kW·h)	用于供热的热量/GJ	纯发电用的厂用电量/(万 kW·h)	纯热网用的厂用电量/(万 kW·h)	煤耗量/t	管道效率	发电用油/t
2011-11	8992.441	58.4008	53 497.00	37.2400	29.9000	37 303.75	0.98	48.9700
2011-12	11 629.680	63.8742	51 198.60	38.6400	27.1000	43 245.27	0.98	87.5701

时间/年-月	燃料的收到基低位发热量/(kJ/kg)	燃料的物理显热/(kJ/kg)	用外来热源加热燃料或空气时带入的热量/(kJ/kg)	雾化燃油所用蒸汽带入的热量/(kJ/kg)	总耗水量/t	总用水量/t
2011-01	27 546.46	4932.50	178.14	259.45	419 789.3	9 540 666
2011-02	28 548.55	3855.60	214.15	184.51	217 579.4	5 398 993
2011-03	27 947.25	3942.05	212.42	196.25	308 501.1	19 402 585
2011-04	28 546.66	4907.04	152.31	145.63	285 080.2	8 168 487
2011-05	27 986.46	4873.35	169.31	253.32	316 005.9	13 799 384
2011-06	28 546.00	4601.48	236.54	161.95	312 382.3	7 350 172
2011-07	27 916.46	5125.85	243.41	257.25	182 666.8	12 097 139
2011-08	27 836.12	4541.85	217.42	176.47	159 132.1	5 116 788
2011-09	27 646.75	4912.15	203.84	194.51	245 120.0	35 017 143
2011-10	28 396.47	4891.32	275.64	181.77	290 267.2	6 136 723
2011-11	28 931.23	5015.30	181.45	179.46	324 860.0	16 002 956
2011-12	28 578.07	3754.15	153.69	167.15	464 848.0	18 446 349

4.2　火电厂能效指标计算

　　火电厂的实际运行情况，结合能效指标体系，在火电厂指标库中选取了 11 种指标进行计算[41-45]，分别为发电厂用电率、发电煤耗、发电水耗率、发电油耗率、复用水率、供电煤耗、供热厂用电率、供热煤耗、锅炉热效率、汽轮机组热耗率和综合厂用电率。

　　火电厂能效指标计算选取 2007～2011 年的基础数据。年计算结果及各月计算结果见表 4-2～表 4-14 所示。

表 4-2　　　　　　　　某火电厂 2007～2011 年能效指标年计算结果

序号	能效指标	年份				
		2007	2008	2009	2010	2011
1	发电厂用电率（%）	9.896	9.660	9.910	8.766	10.346
2	发电煤耗/[g/(kW·h)]	364.205	369.112	368.601	386.550	374.183
3	发电水耗率/[kg/(kW·h)]	2.517	3.131	2.749	3.103	3.209
4	发电油耗率/[g/(kW·h)]	0.632	0.681	0.539	0.694	0.755
5	复用水率（%）	96.153	97.022	97.871	96.445	97.746
6	供电煤耗/[g/(kW·h)]	371.941	374.956	374.022	392.231	378.080
7	供热厂用电率/(kW·h/GJ)	20.583	19.106	21.968	19.520	17.246
8	供热煤耗/(kg/GJ)	41.557	42.334	42.064	42.423	42.678
9	锅炉热效率（%）	83.781	82.245	82.773	82.072	81.581

序号	能效指标	年份				
		2007	2008	2009	2010	2011
10	汽轮机组热耗率/[kJ/(kW·h)]	8752.647	8707.925	8751.695	9100.205	8756.298
11	综合厂用电率（%）	11.451	11.118	11.457	10.768	10.791

表 4-3 　　　　　　　　　　　火电厂能效指标 1 月计算结果

序号	能效指标	时间/年-月				
		2007-01	2008-001	2009-01	2010-01	2011-01
1	发电厂用电率（%）	9.255	8.909	8.194	9.171	10.004
2	发电煤耗/[g/(kW·h)]	315.475	371.854	412.790	451.023	366.041
3	发电水耗率/[kg/(kW·h)]	2.609	3.692	2.278	3.844	3.900
4	发电油耗率/[g/(kW·h)]	0.624	0.746	0.457	0.581	0.890
5	复用水率（%）	97.350	95.900	97.840	96.500	95.600
6	供电煤耗/[g/(kW·h)]	319.368	371.269	413.510	457.162	377.936
7	供热厂用电率/(kW·h/GJ)	20.289	23.144	25.100	15.226	17.311
8	供热煤耗（kg/GJ）	39.433	46.703	42.069	45.709	42.128
9	锅炉热效率（%）	88.296	74.550	82.762	76.171	82.647
10	汽轮机组热耗率/[kJ/(kW·h)]	7990.096	7951.863	9799.570	9854.539	8677.662
11	综合厂用电率（%）	10.477	10.940	11.482	11.686	10.404

表 4-4 　　　　　　　　　　　火电厂能效指标 2 月计算结果

序号	指标名称	时间/年-月				
		2007-02	2008-02	2009-02	2010-02	2011-02
1	发电厂用电率（%）	10.748	10.016	7.852	8.016	10.249
2	发电煤耗/[g/(kW·h)]	339.257	415.653	378.675	401.061	380.424
3	发电水耗率/[kg/(kW·h)]	2.379	3.050	2.406	3.476	2.462
4	发电油耗率/[g/(kW·h)]	0.946	0.533	0.737	0.622	0.563
5	复用水率（%）	95.320	96.360	96.850	96.110	95.970
6	供电煤耗/[g/(kW·h)]	345.503	423.981	380.275	400.235	388.292
7	供热厂用电率/(kW·h/GJ)	21.469	24.426	20.343	22.533	17.109
8	供热煤耗（kg/GJ）	41.583	43.117	40.363	42.206	44.361
9	锅炉热效率（%）	83.729	80.751	86.259	82.494	78.486
10	汽轮机组热耗率/[kJ/(kW·h)]	8148.029	9627.802	9369.592	9490.297	8564.619
11	综合厂用电率（%）	11.871	11.008	10.314	9.650	10.549

表 4-5 　　　　　　　　　　　火电厂能效指标 3 月计算结果

序号	指标名称	时间/年-月				
		2007-03	2008-03	2009-03	2010-03	2011-03
1	发电厂用电率（%）	11.213	9.161	10.508	8.302	10.170
2	发电煤耗/[g/(kW·h)]	382.058	302.427	413.845	388.691	397.693
3	发电水耗率/[kg/(kW·h)]	3.243	2.405	2.397	2.353	3.214
4	发电油耗率/[g/(kW·h)]	0.764	0.585	0.316	0.861	0.769
5	复用水率（%）	96.059	96.260	98.510	97.22	98.410

序号	指标名称	时间/年-月				
		2007-03	2008-03	2009-03	2010-03	2011-03
6	供电煤耗/[g/(kW·h)]	398.857	305.084	426.099	394.196	408.262
7	供热厂用电率/(kW·h/GJ)	24.097	16.054	22.537	20.865	16.391
8	供热煤耗/(kg/GJ)	41.087	42.655	43.048	39.508	43.132
9	锅炉热效率（%）	84.740	81.626	80.879	88.127	80.722
10	汽轮机组热耗率/[kJ/(kW·h)]	9286.843	7081.025	9601.161	9825.71	9208.504
11	综合厂用电率（%）	11.950	10.680	11.137	10.288	10.530

表 4-6　　　　　　　　　　火电厂能效指标 4 月计算结果

序号	指标名称	时间/年-月				
		2007-04	2008-04	2009-04	2010-04	2011-04
1	发电厂用电率（%）	10.628	9.986	10.272	8.480	10.862
2	发电煤耗/[g/(kW·h)]	437.982	385.975	410.872	393.020	388.146
3	发电水耗率/[kg/(kW·h)]	3.368	3.344	3.208	2.811	2.972
4	发电油耗率/[g/(kW·h)]	0.709	1.088	0.412	0.955	0.689
5	复用水率（%）	95.800	95.380	97.730	96.090	96.510
6	供电煤耗/[g/(kW·h)]	453.261	392.562	416.596	394.395	403.327
7	供热厂用电率/(kW·h/GJ)	16.616	17.714	24.814	17.258	21.266
8	供热煤耗/(kg/GJ)	44.811	41.563	42.377	41.904	41.855
9	锅炉热效率（%）	77.698	83.769	82.161	83.087	83.186
10	汽轮机组热耗率/[kJ/(kW·h)]	9761.467	9274.518	9683.292	9366.941	9261.742
11	综合厂用电率（%）	11.284	11.431	10.964	10.674	11.252

表 4-7　　　　　　　　　　火电厂能效指标 5 月计算结果

序号	指标名称	时间/年-月				
		2007-05	2008-05	2009-05	2010-05	2011-05
1	发电厂用电率（%）	7.953	9.622	11.187	9.180	10.694
2	发电煤耗/[g/(kW·h)]	360.154	392.223	394.184	407.612	327.120
3	发电水耗率/[kg/(kW·h)]	2.023	3.676	2.544	3.871	3.783
4	发电油耗率/[g/(kW·h)]	0.377	0.556	0.632	0.962	1.102
5	复用水率（%）	95.490	98.690	97.220	96.300	97.710
6	供电煤耗/[g/(kW·h)]	359.355	395.480	407.387	417.259	338.833
7	供热厂用电率/(kW·h/GJ)	19.871	18.949	22.078	18.633	14.280
8	供热煤耗/(kg/GJ)	40.483	40.425	42.141	41.895	42.120
9	锅炉热效率（%）	86.005	86.127	82.621	83.106	82.663
10	汽轮机组热耗率/[kJ/(kW·h)]	8885.106	9689.942	9341.972	9716.963	7756.498
11	综合厂用电率（%）	9.518	10.837	12.070	11.971	11.094

表 4-8　　　　　　　　　　火电厂能效指标 6 月计算结果

序号	指标名称	时间/年-月				
		2007-06	2008-06	2009-06	2010-06	2011-06
1	发电厂用电率（%）	10.251	8.762	11.388	7.231	10.597
2	发电煤耗/[g/(kW·h)]	371.649	366.027	336.798	354.393	331.489

续表

序号	指标名称	时间/年-月				
		2007-06	2008-06	2009-06	2010-06	2011-06
3	发电水耗率/［kg/(kW·h)］	2.823	2.039	2.398	3.834	3.524
4	发电油耗率/［g/(kW·h)］	0.542	0.547	0.535	0.405	0.945
5	复用水率（%）	95.110	95.680	98.470	95.710	95.750
6	供电煤耗/［g/(kW·h)］	384.108	367.249	307.014	351.809	343.573
7	供热厂用电率/(kW·h/GJ)	21.768	15.630	24.845	18.757	17.062
8	供热煤耗/(kg/GJ)	41.805	44.215	42.727	39.786	40.864
9	锅炉热效率（%）	83.285	78.745	81.488	87.512	85.203
10	汽轮机组热耗率/［kJ/(kW·h)］	8878.669	8267.662	7872.472	8896.135	8101.666
11	综合厂用电率（%）	11.830	11.234	11.993	10.805	10.947

表 4-9 火电厂能效指标 7 月计算结果

序号	指标名称	时间/年-月				
		2007-07	2008-07	2009-07	2010-07	2011-07
1	发电厂用电率（%）	10.815	9.313	10.351	8.107	11.719
2	发电煤耗/［g/(kW·h)］	372.883	311.711	302.881	340.523	399.785
3	发电水耗率/［kg/(kW·h)］	2.512	3.363	2.031	2.821	2.913
4	发电油耗率/［g/(kW·h)］	0.821	0.669	0.647	0.574	1.024
5	复用水率（%）	95.448	95.06	98.110	96.450	98.490
6	供电煤耗/［g/(kW·h)］	385.893	318.653	306.766	343.532	418.248
7	供热厂用电率/(kW·h/GJ)	20.638	18.903	18.905	18.818	15.887
8	供热煤耗/(kg/GJ)	43.397	39.171	40.349	42.362	43.643
9	锅炉热效率（%）	80.230	88.885	86.291	82.190	79.777
10	汽轮机组热耗率/［kJ/(kW·h)］	8581.418	7947.482	7496.968	8028.082	9148.570
11	综合厂用电率（%）	11.958	10.411	12.049	10.636	12.149

表 4-10 火电厂能效指标 8 月计算结果

序号	指标名称	时间/年-月				
		2007-08	2008-08	2009-08	2010-08	2011-08
1	发电厂用电率（%）	11.766	9.928	11.568	9.374	8.968
2	发电煤耗/［g/(kW·h)］	358.276	425.654	300.736	321.342	388.304
3	发电水耗率/［kg/(kW·h)］	2.202	2.759	3.494	3.787	2.037
4	发电油耗率/［g/(kW·h)］	0.511	1.010	0.497	0.961	0.463
5	复用水率（%）	95.904	98.470	98.970	96.710	96.890
6	供电煤耗/［g/(kW·h)］	369.028	434.214	313.244	324.028	291.566
7	供热厂用电率/(kW·h/GJ)	27.577	19.249	22.528	19.197	13.633
8	供热煤耗/(kg/GJ)	42.871	45.274	40.859	41.485	42.427
9	锅炉热效率（%）	81.214	76.903	85.213	83.928	82.064
10	汽轮机组热耗率/［kJ/(kW·h)］	8346.373	9389.672	7350.898	7736.088	9140.589
11	综合厂用电率（%）	12.634	11.094	11.894	10.933	10.539

表 4-11　　　　　　　　　　　火电厂能效指标 9 月计算结果

序号	指标名称	时间/年-月				
		2007-09	2008-09	2009-09	2010-09	2011-09
1	发电厂用电率（%）	9.905	9.628	8.983	9.677	11.565
2	发电煤耗/[g/(kW·h)]	334.068	353.833	352.254	371.897	368.225
3	发电水耗率/[kg/(kW·h)]	2.802	3.664	2.890	2.116	3.643
4	发电油耗率/[g/(kW·h)]	0.855	0.413	0.586	0.993	0.464
5	复用水率（%）	97.270	96.000	95.780	97.670	99.300
6	供电煤耗/[g/(kW·h)]	341.225	362.848	356.839	376.468	385.113
7	供热厂用电率/(kW·h/GJ)	17.273	15.475	21.273	21.264	15.344
8	供热煤耗/(kg/GJ)	43.113	40.510	38.876	43.491	42.407
9	锅炉热效率（%）	80.759	85.947	89.559	80.056	82.103
10	汽轮机组热耗率/[kJ/(kW·h)]	7738.771	8723.213	9049.252	8540.126	8672.047
11	综合厂用电率（%）	12.614	11.666	11.108	11.062	11.915

表 4-12　　　　　　　　　　　火电厂能效指标 10 月计算结果

序号	指标名称	时间/年-月				
		2007-10	2008-10	2009-10	2010-10	2011-10
1	发电厂用电率（%）	9.929	10.830	9.838	9.437	10.833
2	发电煤耗/[g/(kW·h)]	358.881	381.126	377.487	402.129	381.512
3	发电水耗率/[kg/(kW·h)]	2.438	3.006	3.864	2.706	2.889
4	发电油耗率/[g/(kW·h)]	0.490	0.788	0.411	0.556	0.993
5	复用水率（%）	96.171	96.490	97.610	95.640	95.270
6	供电煤耗/[g/(kW·h)]	370.075	394.854	385.175	411.266	396.743
7	供热厂用电率/(kW·h/GJ)	18.870	22.153	17.234	19.314	18.588
8	供热煤耗/(kg/GJ)	40.061	39.994	41.842	43.847	42.372
9	锅炉热效率（%）	86.910	87.056	83.212	79.407	82.170
10	汽轮机组热耗率/[kJ/(kW·h)]	8946.867	9517.354	9010.195	9159.483	8992.241
11	综合厂用电率（%）	11.859	12.068	10.904	10.544	11.173

表 4-13　　　　　　　　　　　电厂能效指标 11 月计算结果

序号	指标名称	时间/年-月				
		2007-11	2008-11	2009-11	2010-11	2011-11
1	发电厂用电率（%）	8.484	9.852	9.398	8.932	9.896
2	发电煤耗/[g/(kW·h)]	369.518	355.404	394.778	430.939	404.751
3	发电水耗率/[kg/(kW·h)]	2.319	3.419	2.932	3.626	3.231
4	发电油耗率/[g/(kW·h)]	0.669	0.581	0.747	0.775	0.487
5	复用水率（%）	96.480	96.310	96.400	96.550	97.970
6	供电煤耗/[g/(kW·h)]	374.330	363.407	403.006	436.515	411.751
7	供热厂用电率/(kW·h/GJ)	19.583	17.124	22.558	18.961	17.494
8	供热煤耗/(kg/GJ)	40.586	42.607	45.371	43.778	44.591
9	锅炉热效率（%）	85.785	81.718	76.738	79.531	78.082
10	汽轮机组热耗率/[kJ/(kW·h)]	9092.794	8330.805	8689.844	9831.111	9065.431
11	综合厂用电率（%）	10.652	11.148	11.781	11.373	10.216

表 4-14 火电厂能效指标 12 月计算结果

序号	指标名称	时间/年-月				
		2007-12	2008-12	2009-12	2010-12	2011-12
1	发电厂用电率（%）	9.411	10.295	10.304	9.621	9.600
2	发电煤耗/[g/(kW·h)]	375.089	373.569	353.953	384.894	361.265
3	发电水耗率/[kg/(kW·h)]	2.140	2.858	2.837	2.020	3.584
4	发电油耗率/[g/(kW·h)]	0.487	0.764	0.504	0.313	0.675
5	复用水率（%）	95.426	96.420	95.860	96.190	97.480
6	供电煤耗/[g/(kW·h)]	384.613	379.038	360.910	394.082	368.822
7	供热厂用电率/(kW·h/GJ)	19.362	19.404	22.342	22.454	22.783
8	供热煤耗/(kg/GJ)	39.957	42.915	45.583	43.896	42.517
9	锅炉热效率（%）	87.137	81.131	76.383	79.317	81.890
10	汽轮机组热耗率/[kJ/(kW·h)]	9375.334	8693.764	7755.120	8756.984	8486.011
11	综合厂用电率（%）	11.918	11.532	11.970	10.135	9.930

选择发电煤耗、发电水耗率、发电油耗率、锅炉热效率四个指标绘制2007～2011年1月、4月、7月、11月的计算结果柱状图，如图4-1～图4-4所示。

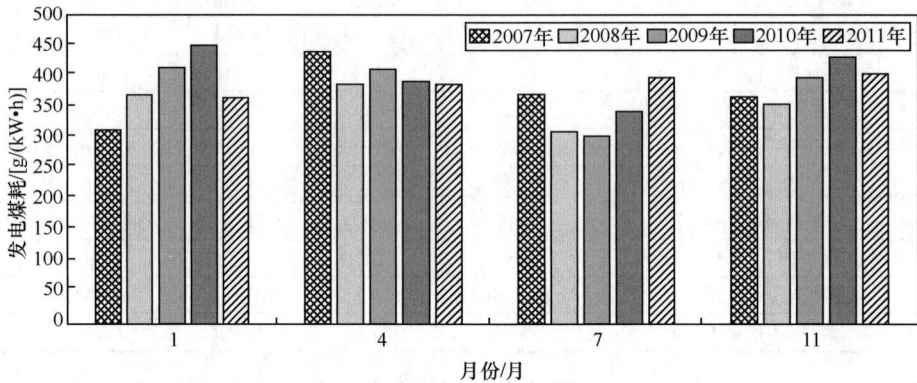

图 4-1 发电煤耗计算结果对比图

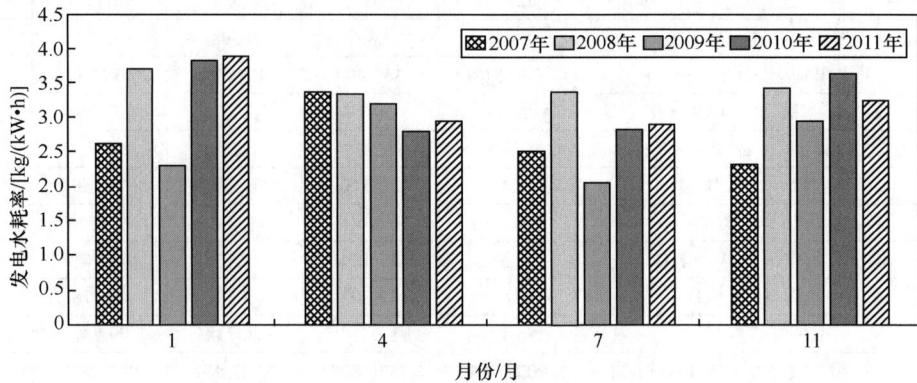

图 4-2 发电水耗率计算结果对比图

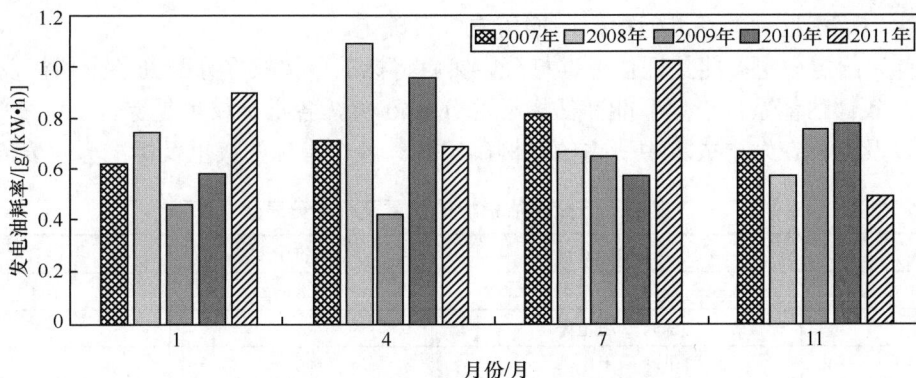

图 4-3　发电油耗率计算结果对比图

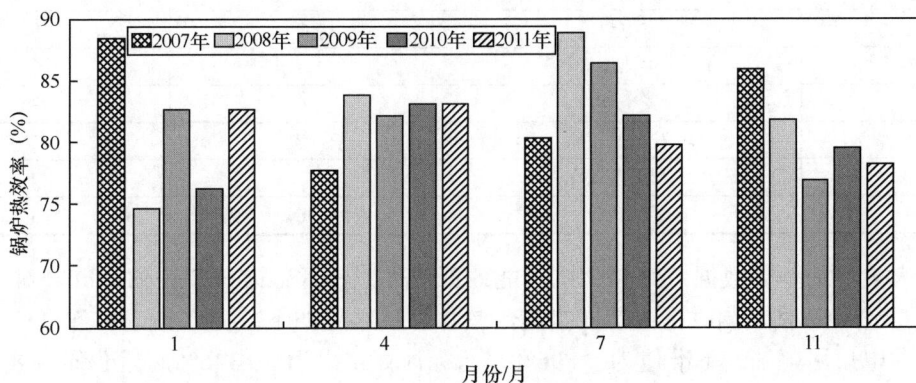

图 4-4　锅炉热效率计算结果对比图

4.3　火电厂能效评估分析

采用打分法对火电厂进行能效评估，并建立相应的评估标准。

（1）火电厂能效评估标准，见表 4-15。

表 4-15　　　　　　　　　　　火电厂能效评估标准

序号	指标名称	评估标准
1	发电厂用电率	每高于标准 1%扣 1 分
2	综合厂用电率	每高于标准 1%扣 1.5 分
3	供热厂用电率	每高于标准 1%扣 0.5 分
4	锅炉热效率	每低于标准 0.5%扣 2 分
5	汽轮机组热效率	每高于标准 0.5%扣 2 分
6	供电煤耗	每高于标准 0.5%扣 1.5 分
7	供热煤耗	每高于标准 1%扣 1 分
8	发电煤耗	每高于标准 0.5%扣 1 分
9	发电油耗率	每高于标准 1%扣 1 分
10	发电水耗率	每高于标准 1%扣 1 分
11	复用水率	每低于标准 0.5%扣 0.5 分

（2）火电厂指标评估基准值根据同期历史资料确定。

（3）首先给定火电厂能效评估标准打分，然后将标准分按权重分配到各个指标及子指标。基于电厂能效评估体系，给定节能评估标准总分 100 分，各指标权重是综合了节能管理方面的重要性以及指标在发电成本中所占的比例确定的。各个指标的权重及标准分见表 4-16。

表 4-16 火电厂节能评估指标的权重及标准分表

序号	指标名称	标准分	权重（%）
1	发电厂用电率	8	8
2	综合厂用电率	8	8
3	供热厂用电率	6	6
4	锅炉热效率	15	15
5	汽轮机组热效率	16	16
6	供电煤耗	9	9
7	供热煤耗	9	9
8	发电煤耗	9	9
9	发电油耗率	7	7
10	发电水耗率	7	7
11	复用水率	6	6

基于火电厂的基础数据，结合火电厂能效评估体系、评估方法和评估标准，对某火电厂 2011 年指标进行评估，同时提出节能措施，具体评估结果如下：

（1）发电厂用电率。基准值为 9.896%，指标计算结果为 10.346%，标准分为 8，实际得分为 0，评估等级为差。

提出以下节能措施：①做好制粉系统的维护工作，适当调整磨煤机的通风量和钢球装载量，使其在最佳装载量下运行，降低制粉单耗，必要时对制粉系统的关键部件进行技术改造，充分发挥磨煤机的潜力，降低制粉单耗；②加强节油管理。改善操作技术，努力减少锅炉启动过程的点火用油和助燃用油；③加强热力试验管理，及时测定出各机组的煤耗特性，并根据机组的煤耗特性做好机组之间的经济调度，优化机组间负荷分配达到电厂发电煤耗最低；④加强与电网调度部门的联系，减少机组的热备用时间，减少机组的启停次数，尽量保证较高负荷率；⑤加强技术监督，做好锅炉、汽轮机各项技术经济指标监督，以及机组大修前后的热力试验，根据大修前的试验结果制订大修节能降耗技术方案，对影响煤耗较大的设备或系统进行必要的技术改造，提高锅炉热效率，降低汽轮机热耗率；⑥做好运行优化调整，在规程规定范围内，尽量提高主蒸汽温度、主蒸汽压力、汽轮机真空，降低锅炉减温水流量、锅炉排烟氧量以及锅炉排烟温度等技术经济指标；⑦做好机组正常运行过程中的设备维护，保证机组的正常运行，最大限度地减少机组非计划停运次数；⑧重视耗差分析，推行机组性能在线分析系统，使机组始终处于最佳工况运行；⑨合理地调整照明变压器电压分接头，将照明变电压分接头由高挡调至中挡，相电压可由 240V 降至 220V，既延长了灯具的使用寿命，又节省了厂用电。

（2）发电煤耗。基准值为 369.112g/（kW·h），指标计算结果为 374.183g/（kW·h），标准分为 9，实际得分为 7，评估等级为良。

提出以下节能措施：①加强热力试验管理，及时测定出各机组的煤耗特性，并根据机组的煤耗特性做好机组之间的经济调度，优化机组间负荷分配达到电厂发电煤耗最低；②加强与电网调度部门的联系，减少机组的热备用时间，减少机组的启停次数，尽量保证较高负荷率；③加强技术监督，做好锅炉、汽机各项技术经济指标监督，以及机组大修前后的热力试验，根据大修前的试验结果制订大修节能降耗技术方案。对影响煤耗较大的设备或系统进行必要的技术改造。提高锅炉热效率，降低汽机热耗率。

（3）发电水耗率。基准值为 $3.103m^3/(kW \cdot h)$，指标计算结果为 $3.209m^3/(kW \cdot h)$，标准分为 7，实际得分为 4，评估等级为差。

提出以下节能措施：①应重视废水处理回收利用设施的设计，最大限度地提高水的重复利用率。在研究排放水的处理系统时，应建立经济、可靠的废水处理设施，将能相互合并的废水通过污水池收集到一起，集中处理回收利用。②火力发电厂的节水应贯穿规划、设计、施工和生产运行全过程，新扩建火电厂应建立并实行"三同时、四到位"制度，即节水设施必须与主体工程同时设计、同时施工、同时投运，用水计划到位、节水目标到位、节水措施到位、节水制度到位，做到计划用水、节约用水、定额用水。③把节水作为电厂规划设计的一项重要技术原则，通过机组选型、优化机组冷却系统和方式、合理选择除灰系统、开展废水治理和废水资源化措施，为节约用水、降低耗水指标创造条件。④每 4～5 年进行一次全厂水平衡测试及各水系统水质分析测试，并建立测试档案。根据测试结果，找出薄弱环节，确定节水目标，制订相应的节水改造方案。⑤努力做好发电机组热力系统的维护工作，减少各种汽、水损失，补水率和汽水损失率控制在规定范围内。⑥研究各用水系统的排水量和水质，按照各用水系统对水质的需要，分级用水，即将原水供给需要优级水的系统使用，随后将其排水经过处理或不经处理在本系统内循环或供给其他水质要求较差的系统重复使用，以合理、经济地满足下一级系统的水质要求，减少电厂的用水量和排水量。⑦根据季节变化和机组启停与负荷变化情况，及时调整循环冷却水量，保障机组安全经济运行。⑧在运行过程中，应根据实际情况，研究改进循环水处理工艺，使循环水达到合理的浓缩倍率。⑨加强对生产用水和非生产用水的计量与管理，合理控制用水范围和供水区域，进一步加大节水技术的科研力度，积极推广成熟的先进节水技术、节水设备和器具。⑩加强节水设施改造，不断采用新技术、新工艺，制订相应的节水改造方案，工业冷却水应回收再利用或采用循环冷却系统，厂区生产、生活污水深度处理后回收利用到生产系统，缺水和限制排放地区实现废水零排放，将湿除灰系统改为干除灰系统。

（4）发电油耗率。基准值为 $0.681g/(kW \cdot h)$，指标计算结果为 $0.755g/(kW \cdot h)$，标准分为 7，实际得分为 0，评估等级为差。

提出以下节能措施：①采用滑参数启动。机组能充分利用低压、低温蒸汽均匀加热汽轮机转子和汽缸，较少热应力和启动损失；而且，锅炉和汽轮机同时启动，以缩短用油点火加热、升压的初期阶段，缩短了整机启动时间，较少燃油消耗。②从管理上节油。要改变对节油工作只奖不罚的做法，制订合理的不同启动条件下的用油计划，并大幅度提高燃油奖励。③提高检修质量和运行操作水平，提高机组运行可靠性，降低机组非计划降出力次数。④根据煤质情况，在满足带负荷的前提下尽量将煤粉磨细，一方面可以降低飞灰可燃物，提高锅炉效率；另一方面可增强炉内燃烧的稳定性，减少助燃油消耗。⑤改进锅炉低负荷的稳燃技术，较少低负荷稳燃用油。⑥锅炉点火前，将运行机组的蒸汽接至锅炉水循环系统加热炉水，以缩短用油点火加热、升压时间。⑦及时清除积炭。⑧进行油枪改造，使油枪雾化良好。

⑨直吹式制粉系统点火磨煤机入口风道加装空气加热器，提高磨煤机入口空气温度，缩短磨煤机制粉时间。

（5）复用水率。基准值为97.022%，指标计算结果为97.746%，标准分为6，实际得分为6，评估等级为优。

提出以下节能措施：①根据机组负荷情况做好供水系统的经济调度；②在充分试验的前提下，尽可能保持高的循环水浓缩倍率；③对供水、供热管网定期查漏、消漏。

（6）供电煤耗。基准值为 374.956g/（kW·h），指标计算结果为 378.080g/（kW·h），标准分为9，实际得分为7.5，评估等级为良。

提出以下节能措施：①加强热力管道保温管理，定期巡测，对不合格的保温进行及时更换。加强供热系统的维修，减少系统泄漏和阀门内漏。②采用高参数的大容量火电机组，不仅能减少大气污染，而且大大降低供电煤耗。③重视耗差分析，采用先进的运行在线能耗分析技术和系统，实现机组优化管理，提高机组运行经济性。

（7）供热厂用电率。基准值为 19.52kW·h/GJ，指标计算结果为 17.246kW·h/GJ，标准分为6，实际得分为6，评估等级为优。

提出以下节能措施：①加强对供热系统计量器具的计量检定管理，保证其计量的准确性。②在满足供热系统正常运行的情况下，优化供热设备的运行方式。

（8）供热煤耗。基准值为 42.334kg/GJ，指标计算结果为 42.678kg/GJ，标准分为9，实际得分为9，评估等级为优。

提出以下节能措施：①加强对供热系统计量器具的计量检定管理，保证其计量的准确性；②在满足供热系统正常运行的情况下，优化供热设备的运行方式；③尽量增加供热量，减少发电量。

（9）锅炉热效率。基准值为 82.245%，指标计算结果为 81.581%，标准分为 15，实际得分为13，评估等级为优。

提出以下节能措施：①根据煤质、机组负荷及燃烧设备的变化因素，进行优化燃烧调整试验；②实现机组自动协调控制运行，及时投入锅炉气温气压自动控制系统；③合理控制锅炉的过量空气系数或入炉风量，氧量过大造成空气预热器漏风增加、烟气量增大和排烟温度升高，造成排烟损失增大，低氧量运行造成飞灰可燃物升高或受热面玷污积灰，降低了机组的经济性。

（10）汽轮机组热耗率。基准值为 8752.647kJ/（kW·h），指标计算结果为 8756.298kJ/（kW·h），标准分为 16，实际得分为 16，评估等级为优。

提出以下节能措施：①制订机组经济调度和运行优化调整措施，加强监督与指导；②积极开展技术交流和运行指标竞赛活动，推行机组参数压红线运行、机组低负荷滑压运行等；③加强设备缺陷管理，及时消除影响机组经济运行的设备缺陷；④确保热控自动装置的正常投入，提高蒸汽参数调整的品质。

（11）综合厂用电率。基准值为 11.118%，指标计算结果为 10.791%，标准分为8，实际得分为8，评估等级为优。

提出以下节能措施：①加强对电气系统计量器具的计量检定管理，保证其计量的准确性；②加强运行调整，减少机组的启停次数，特别是机组非计划停运；③电气开关室内，除安全照明外，其他照明一律做到人走灯灭，开关位置方便；④加大风烟系统漏风治理，减少风机电耗。

4.4　火电厂节能潜力分析

基于上述火电厂 2011 年能效指标评估结果，对该火电厂进行节能潜力分析。分析结果如下：

（1）发电厂用电率。2011 年该火电厂实际完成发电厂用电率 10.346%，与考核指标 9.896% 相比高了 0.45 个百分点，还有很大节能的潜力，按 2011 年发电 109 892.5 万 kW·h 计算，可节省 494.52 万 kW·h 的发电厂用电率。按照平均上网电价为 0.3 元/（kW·h）计算，可增加收入 148.35 万元。

（2）综合厂用电率。2011 年该火电厂实际完成综合厂用电率 10.791%，与考核指标 11.118% 相比低了 0.33 个百分点，有明显的节能效果，按 2011 年发电 109 892.5 万 kW·h 计算，可节省 359.35 万 kW·h 的综合厂用电率。按照平均上网电价为 0.3 元/（kW·h）计算，可增加收入 107.80 万元。应继续努力，达到更好的节能效果。

（3）发电水耗率。2011 年该火电厂发电水耗率为 3.209kg/（kW·h），与能耗指标 3.103kg/（kW·h）相比有 0.11kg/（kW·h）的差距，节能潜力很大。按全年供电量 109 892.5 万 kW·h 计算，2011 年可节省耗水 116 486.05t。

（4）发电油耗率。2011 年该火电厂发电油耗率为 0.755kg/（kW·h），与能耗指标 0.681kg/（kW·h）相比有 0.07kg/（kW·h）的差距。按全年供电量 109 892.5 万 kW·h 计算，2011 年可节省 81.32t 油，有很大的节能潜力。

（5）发电煤耗。2011 年该火电厂发电煤耗为 374.183g/（kW·h），与能耗指标 369.112g/（kW·h）相比仍有 5.07g/（kW·h）的差距，节能潜力很大。按全年供电量 109 892.5 万 kW·h 计算，2011 年可节省煤耗量 5572.65t 标准煤，按照兰州煤价为 373.8 元/t 计算，则每年可节约费用约 208.31 万元。

（6）供电煤耗。2011 年供电煤耗为 378.08g/（kW·h），与能耗指标 374.956g/（kW·h）相比仍有 3.12g/（kW·h）左右的差距，节能潜力很大。按全年供电量 109 892.5 万 kW·h 计算，2011 年可节省煤耗量 3433.04t 标准煤，按照兰州煤价为 373.8 元/t 计算，则每年可节约费用约 128.33 万元。

4.5　火电厂能效评估系统

1.　火电厂能效评估组件库建立

针对火电厂能效评估的特点，采用组件封装技术将能效评估需要的指标、评估方法封装成组件并分类形成组件库。火电厂能效评估组件库见表 4-17。

表 4-17　　　　　　　　　　　　　火电厂能效评估组件库

序号	组件名称	序号	组件名称
1	发电厂用电率	7	供热煤耗
2	综合厂用电率	8	发电煤耗
3	锅炉热效率	9	发电油耗率
4	汽轮机组热耗率	10	供热厂用电率
5	供电煤耗	11	能效数据
6	发电耗水率	12	评估标准

2. 火电厂能效评估系统实现

基于综合集成技术和能效支持平台，采用应用系统的快速构建方式搭建火电厂能效评估系统，如图4-5所示。

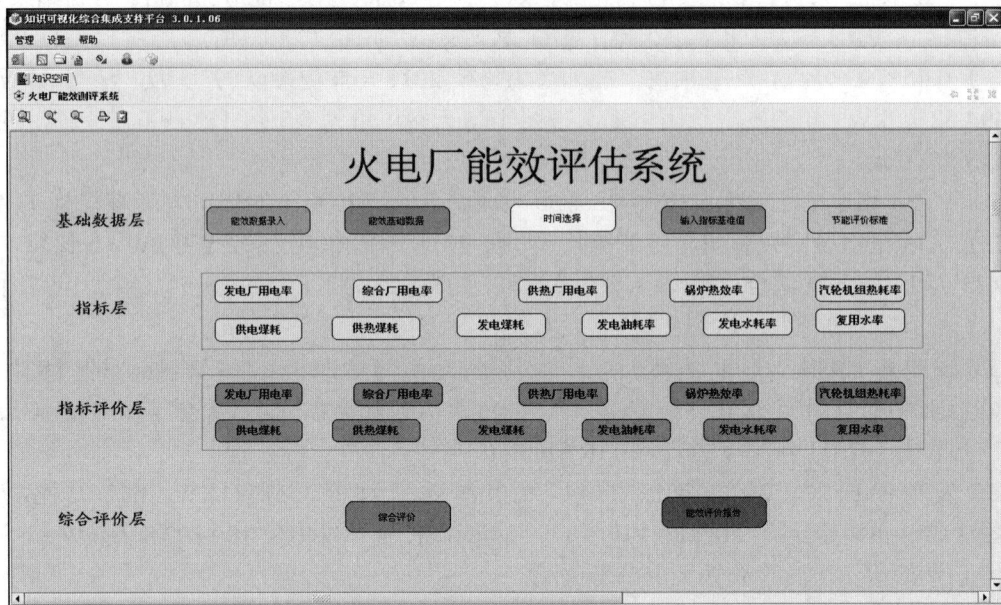

图4-5 火电厂能效评估系统

火电厂能效评估系统与水电厂类似，其评估效果如图4-6所示。

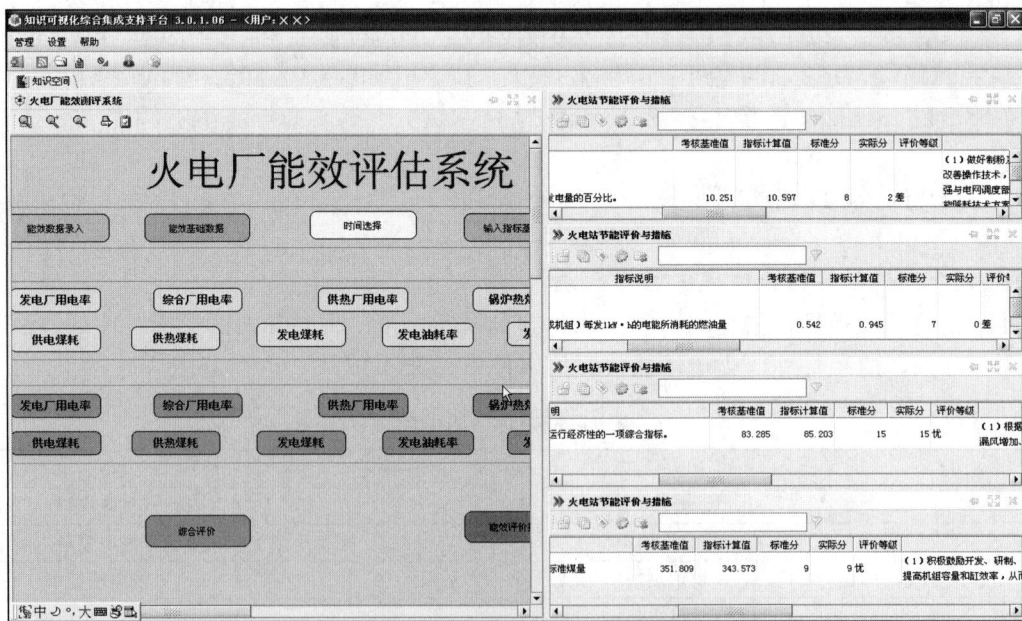

图4-6 火电厂能效评估效果图

第 5 章 电网能效评估

5.1 电网能效评估流程

电网能效评估工作主要针对电能传送过程中的损耗进行评价，通常可分为负载损耗（可变损耗）和空载损耗（固定损耗）。负载损耗是指输变配电设备中的铜损，损耗的大小与流过它的电流二次方成正比。空载损耗是指变电设备中的铁损、电晕损耗、绝缘材料中的介质损耗及仪表和保护装置的损耗，这部分损耗一般与运行电压有关。据统计，我国 220kV 及以上输电网、110kV（66kV、35kV）高压配电网、10kV 及以下中低压配电网的损耗的百分比例为 10:15:75，中低压配电网损耗占到整个网络损耗的 3/4。城乡电网改造中，降损问题已引起广泛重视，被列为电网改造需要重点解决的问题之一。两网改造所采用的常规增供降损措施主要有更换节能型变压器、无功补偿、增大导线截面等。随着目前配电网负荷的逐年攀高，配电网降损已进入瓶颈，尤其在夏季高峰负荷时，损耗高、用户端电压不合格、过载现象严重的情况依然存在。对配电网的节能降耗研究，不仅能提高供电企业经济效益，同时也符合当前国家发展低碳经济的目标，具有不可估量的社会效益。

电网能效评估指标分为能效指标、线损指标、管理指标三大类，针对不同电压等级损耗影响因素的不同，分别建立不同电压等级电网的节能指标体系。考虑到影响电网能效的因素较多，并且各个网省区域经济发展不平衡，用电负荷构成、电力设施建设、电网网架结构存在较大的不同等等，电网能效指标体系无法全面反映，而在实际评价工作中针对不同的情况，该评价体系可以用于单个网省公司的纵向评价比较，也可以对多个网省公司进行分类，在同一类公司中进行横向评价比较，如图 5-1 所示。

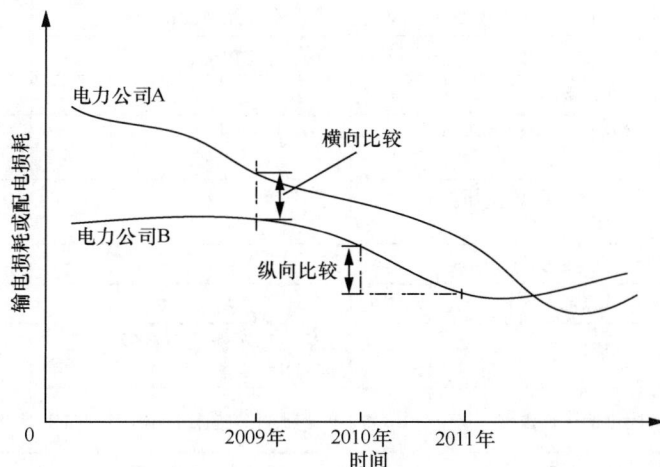

图 5-1 电网横向、纵向能效评估示意图

纵向评价：单个电力公司的纵向评价比较主要是通过评价自身不同时期电网节能指标，分析存在问题，总结经验教训，为后续工作提供依据。

横向评价：多个网省电力公司的横向评价主要是对比同类网省电力公司的电网节能指标差距，有利于各网省电力公司发掘自身电网损耗管理中的不足，使成功经验能够得到推广应用，促进电网损耗管理的进步。

电网能效评估的流程如下：

（1）确定电网能效评估范围、该范围内各变电站负荷区域分类（A、B、C、D）及评估周期。

（2）依据电网能效评估指标，搜集原始数据并分类计算各指标实际值。

（3）根据评估范围内电网实际情况，分类确定各指标基准值。

（4）根据评估范围内电网实际情况，结合电网能效评估指标权值设定依据，按各指标重要性排序综合确定各指标权值。

（5）依据分类总评分计算电网能效评估指标总评分，根据分类总评分进行能效水平评价。

（6）根据分类总评分及横向或纵向总评分，多维度深入挖掘影响总评分的主要因素，给出相应节能改造和优化运行建议，形成区域电网能效评估报告。

5.2　电网能效评估指标体系构建

在现有电网企业能效指标的基础上，结合国家电网有限公司对电网的分类（特高压、超高压、高压、中低压、直流输电），建立电网能效评估指标体系见表 5-1。

表 5-1　　　　　　　　　　　　　　电网能效评估指标体系

指标分类 评估类型	1　静态能效指标		2　动态能效指标		3　损耗能效指标	
I　中压 配电网	I1.1	变电站布点规范性	I2.1	中压线路载荷在经济区间条数率	I3.1	中压配电网综合无损线损率
	I1.2	中压配电网平均供电半径	I2.2	中压线路平均功率因数合格率	I3.2	单条线路线损率合格率
	I1.3	中压配电网供电半径合格率	I2.3	中压线路互供联络率	—	—
	I1.4	中压主干线平均截面	I2.4	分布式电源发电量占比	—	—
	I1.5	中压主干线截面合格率	—	—	—	—
	I1.6	中压线路接入配电变压器平均总容量	—	—	—	—
	I1.7	中压线路接入配电变压器总容量合格率	—	—	—	—
	I1.8	新型节能导线占比	—	—	—	—
	I1.9	分布式电源接入容量占比	—	—	—	—
II　配电 变压器	II1.1	配电变压器安装位置规范性	II2.1	配电变压器载荷在经济区间台数率	II3.1	配电变压器平均损耗率
	II1.2	高效配电变压器占比	II2.2	无功补偿装置投运率	II3.2	单台配电变压器损耗率合格率
	II1.3	无功补偿装置安装率	II2.3	平均功率因数合格率	—	—
	II1.4	无功补偿装置容量占配电变压器容量比	—	—	—	—

指标分类 评估类型		1　静态能效指标		2　动态能效指标		3　损耗能效指标
Ⅲ　低压台区	Ⅲ1.1	低压台区平均供电半径	Ⅲ2.1	低压负荷三相负荷不平衡率	Ⅲ3.1	低压台区综合线损率
	Ⅲ1.2	低压台区供电半径合格率	Ⅲ2.2	低压供电电压合格率	Ⅲ3.2	单个台区线损率合格率
	Ⅲ1.3	低压台区主干线平均截面	Ⅲ2.3	低压台区谐波含量合格率	—	
	Ⅲ1.4	低压台区主干线截面合格率	Ⅲ2.4	分布式电源发电量占比	—	
	Ⅲ1.5	接户线平均截面	—		—	
	Ⅲ1.6	接户线截面合格率	—		—	
	Ⅲ1.7	接入低压台区分布式电源容量占比	—		—	

电网能效指标计算及部分指标评估说明见表 5-2。

表 5-2　　　　　　　　　　电网能效指标计算及部分指标评估说明

指标分类		能效指标	指标计算说明
1　静态能效指标	I1.1	变电站布点规范性	定性指标,变电站站址布点能效评价可根据 GB 50059《35kV～110kV 变电所设计规范》的相关规定进行评估
	I1.2	中压配电网平均供电半径	中压配电网平均供电半径=中压配电网供电半径的算术平均值
	I1.3	中压配电网供电半径合格率	中压配电网供电半径合格率=中压配电网供电半径满足标准要求的条数/中压配电网线路总条数×100%
	I1.4	中压主干线平均截面	中压主干线平均截面=中压配电网线路主干线供电标称截面的算术平均值
	I1.5	中压主干线截面合格率	中压主干线截面合格率=中压主干线截面满足标准要求的线路长度/中压配电网线路总长度×100%
	I1.6	中压线路接入配电变压器平均总容量	中压线路接入配电变压器平均总容量=配电线路接入配电变压器总容量/中压配电网线路总条数×100%
	I1.7	中压线路接入配电变压器总容量合格率	中压线路接入配电变压器总容量合格率=线路平均接入配电变压器总容量合格线路条数/中压配电网线路总条数×100%
	I1.8	新型节能导线占比	新型节能导线占比=新型节能导线总长度/中压配电网线路总长度
	I1.9	分布式电源接入容量占比	分布式电源接入容量占比=接入中压配电网分布式电源装机容量/评估区域变电站变电容量×100%
2　动态能效指标	I2.1	中压线路载荷在经济区间条数率	中压线路载荷在经济区间条数率=中压线路平均载流密度在线路经济载流密度正负 20%范围之内的条数/中压配电网线路总条数×100%
	I2.2	中压线路平均功率因数合格率	中压线路平均功率因数合格率=中压线路供电侧平均功率因数大于 0.95 的条数/中压配电网线路总条数×100%
	I2.3	中压线路互供联络率	中压线路互供联络率=通过联络分段开关可以互供联络的线路/中压配电网线路总条数×100%
	I2.4	分布式电源发电量占比	分布式电源发电量占比=接入中压配电网分布式电源发电量/评估区域总用电量（或总供电量+分布式电源发电量）×100%
3　损耗能效指标	I3.1	中压配电网综合无损线损率	中压配电网综合无损线损率=（中压无损供电量−中压无损售电量）/中压无损供电量×100%
	I3.2	单条线路线损率合格率	单条线路线损率合格率=单条线路线损率合格条数/中压配电网线路总条数×100%

5.3 电网能效评估计算

电网能效评估计算通过对一些复杂和模糊问题的处理，在层次分析法的基础上，将复杂问题分解为单指标和分类指标进行评估，对单项因素在同一基准值下进行归一化处理，并结合单项指标权重获得分类评估结果，最终得到最佳决策方案。这种计算过程不仅可以呈现最佳决策方案，而且还可以具体反映各层单项因素的状态水平，为方案的改进和完善提供明确的方向。

（1）单项能效指标归一化处理。

当该项指标为正向指标时，其单项评估指标指数应按下式计算

$$P_i = \frac{S_{xi}}{S_{oi}} \times 100 \tag{5-1}$$

当该项指标为逆向指标时，其单项评估指标指数应按下式计算

$$P_i = \frac{S_{oi}}{S_{xi}} \times 100 \tag{5-2}$$

式中：P_i 为第 i 项评估指标指数；S_{xi} 为第 i 项评估指标实际值；S_{oi} 为第 i 项评估指标基准值。其中，损耗评估指标基准值可根据中低压配电网与经济社会发展情况，分 A、B、C、D 四类分别选取，参数基准值可结合各地实际统一分类选取，见表 5-3。

表 5-3　　　　　　　　　四类中低压配电网能效评估典型指标的参考基准值

配电类型	中压配电网		配电变压器		低压配电网	
	供电半径	线损率基准值	类型及特点	变损率基准值	低压线长	线损率基准值
A	供电半径小于 3km	2.0%	多（高）层集中建筑区（配电室供电）	1.5%	低压线长小于 150m	4.0%
B	供电半径在 3km 和 5km 之间	3.0%	一般城市综合用电区（箱式变压器/柱上变压器）	2.0%	低压线长在 150～250m 之间	6.0%
C	供电半径在 5km 和 10km 之间	4.0%	一般乡镇综合用电区（柱上变压器/箱式变压器）	2.5%	低压线长在 250～400m 之间	8.0%
D	供电半径大于 10km	5.0%	一般农村用电区（柱上变压器）	3.0%	低压线长大于 400m	10.0%

（2）单项能效指标权重。单项指标权重值按下式确定

$$K_i = w_{h_m} \times w_{z_j} \times w_{p_i} \tag{5-3}$$

式中：K_i 为第 i 项评估指标综合权重值；w_{h_m} 为第 m 项横向指标权重，$m=1$ 为中压配电线路，$m=2$ 为配电变压器，$m=3$ 为低压台区权重值；w_{z_j} 为第 j 项纵向指标权重，$j=1$ 为静态能效指标权重，$j=2$ 为动态能效指标权重，$j=3$ 损耗能效指标；w_{p_i} 为第 i 项指标按重要性排序权重。

（3）分类能效评估计算。根据评估区域 A、B、C、D 类型划分情况，各中低压配电网能效评估指标的分类总评分应按下式计算

$$P_{A,B,C,D,h,z} = \sum K_i P_i \tag{5-4}$$

式中：$P_{A,B,C,D,h,z}$ 为能效评估指标分类综合分值（A、B、C、D）或某一横向或纵向评分值，每

个区域可有最多 24 个分值。

（4）电网能效评估综合评价推荐表。各区域配电网能效水平最终体现于分类能效综合评分值 $P_{A,B,C,D,h,z}$ 的大小，综合评分值四级划分推荐区间见表 5-4。同时，各区域分类能效综合评分值排序即可在统一标准下确定各分类配电网能效相对水平，结合横向或纵向评分值可深入挖掘影响评分结果的主要原因，从而指导节能改造和运行优化。

表 5-4　　　　　　　　　　　配电网能效评估范围推荐表

综合分值	≥95	(90, 95)	(80, 90)	<80
中低压配电网能效等级	I	II	III	IV

注：不同地区可根据本地配电网的实际情况、经济社会发展情况进行一定的修正。

5.4　电网能效评估系统仿真

电网能效评估系统是在能效支持平台之上，采用组件搭建方式构建的，电网能效评估主要分为九个功能模块，除节能量快速计算外，其他功能都比较庞大，具体功能模块如图 5-2 所示。

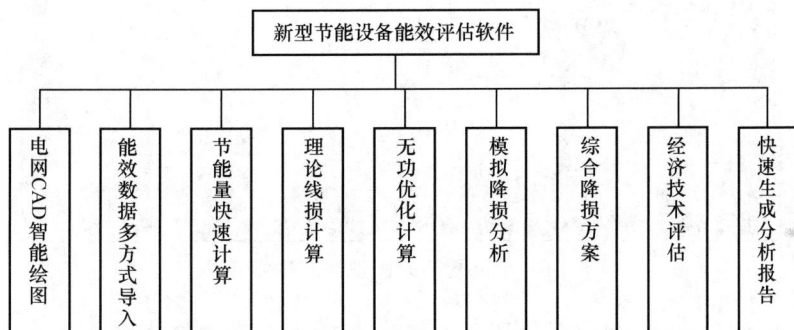

图 5-2　新型节能设备能效评估软件功能模块图

在能效支持平台之上，实现了能效评估的九个应用，其系统主界面如图 5-3 所示。

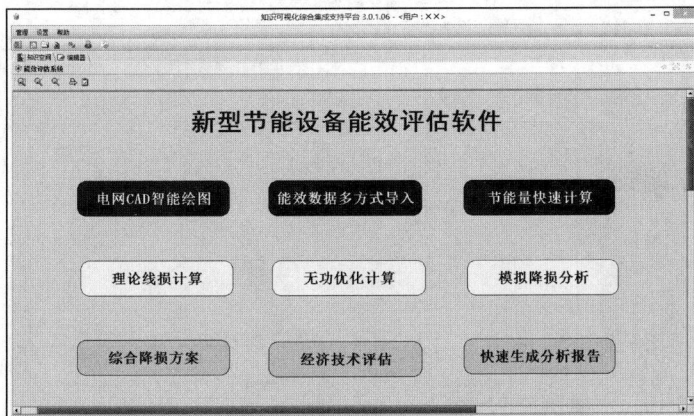

图 5-3　新型节能设备能效评估软件主界面

能效评估软件的功能非常庞大，整个软件的功能模块业务开发量也非常大，最后基于能效支持平台，将成果进行了集成，形成了九大应用，这九大应用也几乎涵盖了电网能效评估从数据到模型计算到决策最后到分析报告的各个环节，使能效评估做到细致化、实用化、简单化，方便各层次人员使用。由于节能量快速计算较为简单，不单独介绍，下面对其余八大模块进行一一介绍。

5.4.1 电网 CAD 智能绘图

电网 CAD 智能绘图模块，能够绘制电网的主网、配网和低压图，绘图的同时，对图形进行了建模，图形和各种原件之间发生数据交换，图形直观，且操作非常方便，有无实际电网运行经验的人员均可快速学会操作，如图 5-4 所示电网智能绘图模块的操作界面。

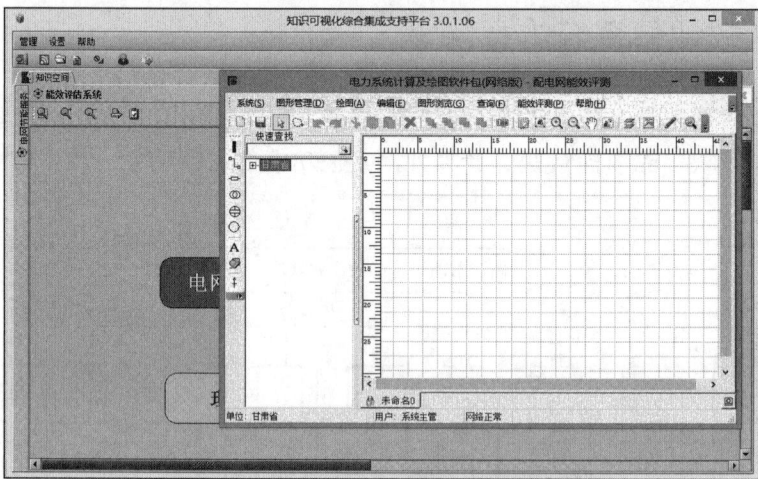

图 5-4 电网智能绘图模块的操作界面

从图 5-4 中可以看出，智能绘图不仅具有绘图功能，还具有保存、打印、删除等基本功能。电网智能绘图效果如图 5-5 所示。

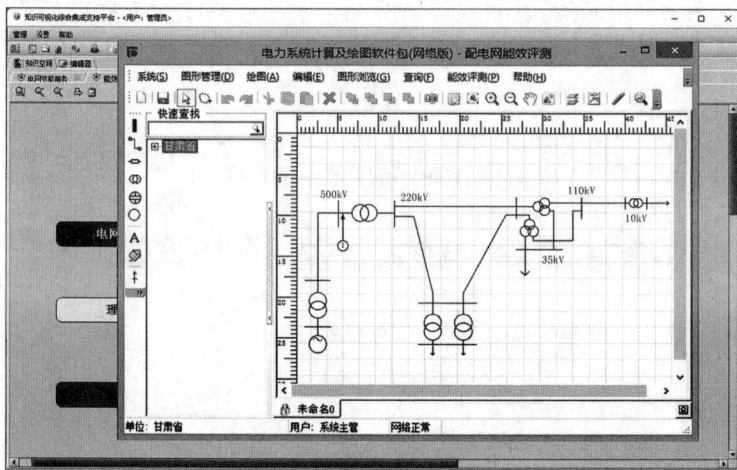

图 5-5 电网智能绘图效果

5.4.2　能效数据多方式导入

与电网节能计算相关的一切计算离不开数据，能效数据多方式导入模块提供了能效数据多种格式、多种方法的数据导入，如图 5-6 和图 5-7 所示，提供了从 Excel、txt 文档、各种数据库和网页的导入方式，同时，还提供了数据的手工录入方式。

图 5-6　能效数据的多方式导入

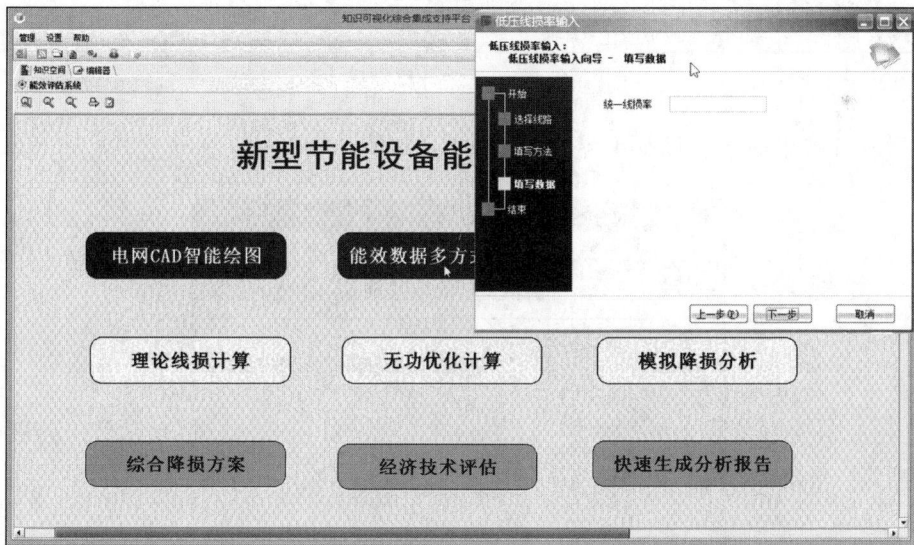

图 5-7　能效数据的手工录入

5.4.3　理论线损计算

理论线损计算模块主要是在选定电网线路后，根据线损计算方法，能够快速计算线路损耗，可选的计算方法有电量法、容量法、方均根电流法、潮流精确算法、平均电流法等，设置好后，即可进行计算，理论线损计算如图 5-8 所示。

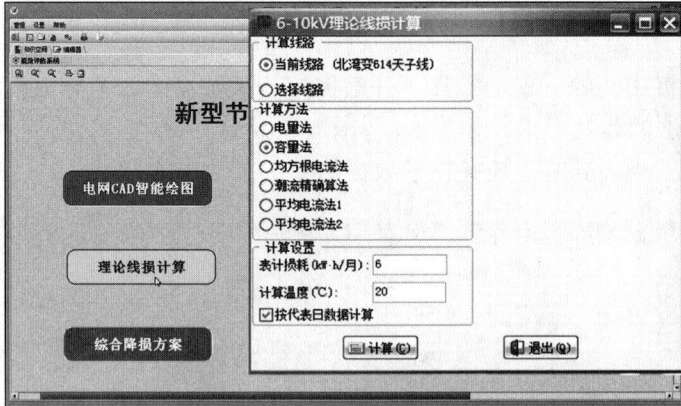

图 5-8　理论线损计算

计算完成后，可以通过显示计算结果来查看每条线路的线损情况，其结果如图 5-9 所示。

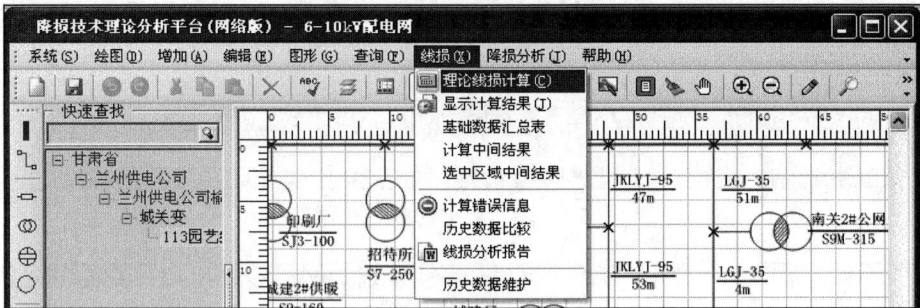

图 5-9　选中计算结果

选中后软件弹出线损计算结果界面，如图 5-10 所示。

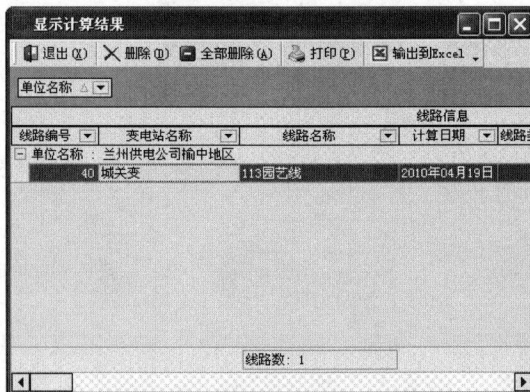

图 5-10　线损计算结果

5.4.4　无功优化计算

无功优化计算模块是以优化功率因数或补偿容量为目标，该模块提供功率因数和补偿容量目标的设置，优化的条件有指定补偿位置和自动计算最佳补偿位置两种方式，既可以自动地提供最佳补偿，也可以根据实际需求，人为设定补偿，考虑非常人性化，也可以考虑单位综合投资、单位有功价格和年运行小时等条件，同时，提供只在主干线路补偿和按代表日计算补偿两种方式，无功优化计算设置界面如图 5-11 所示。

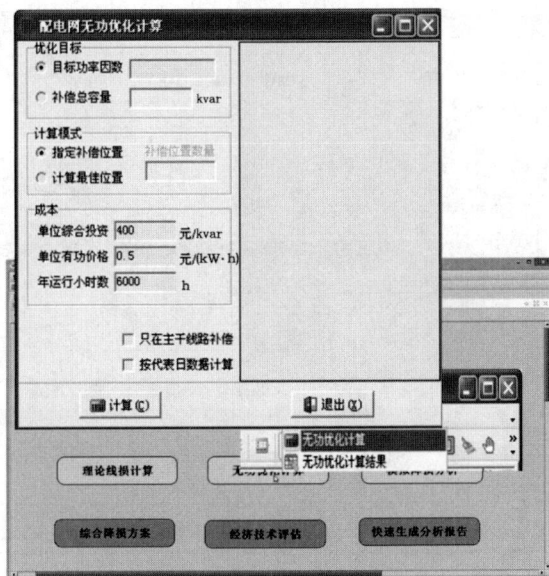

图 5-11　无功优化计算设置界面

当设置好计算中的各项内容时，就可以开始计算，单击开始【计算】按钮，计算过程将在图中加以显示，当计算完成时，软件提示计算完成，无功优化计算界面如图 5-12 所示。

计算结束后，单击【无功优化】菜单中【无功优化计算结果】，显示无功优化计算结果如图 5-13 所示。

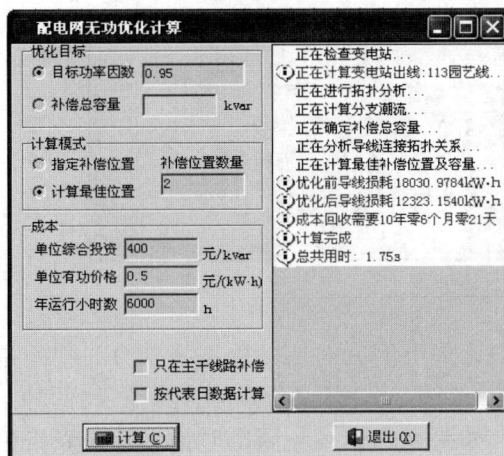

图 5-12　无功优化计算界面

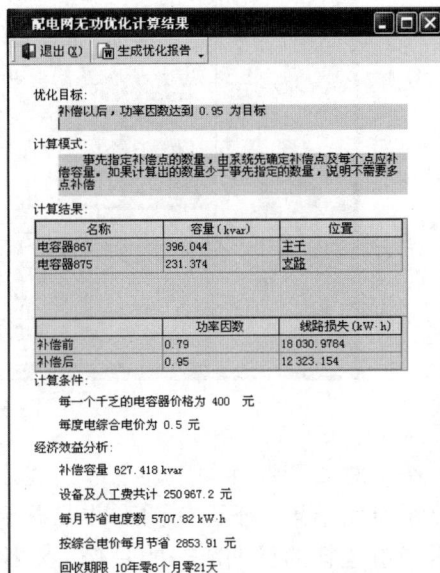

图 5-13　无功优化计算结果

在此界面可以看优化后的结果及补偿前和补偿后的线损比较，以及经济效益分析，并且可以生成优化报告。计算完成后，可以进行负荷率、负载率、功率损耗等的结果查询，无功优化结果显示如图 5-14 所示。

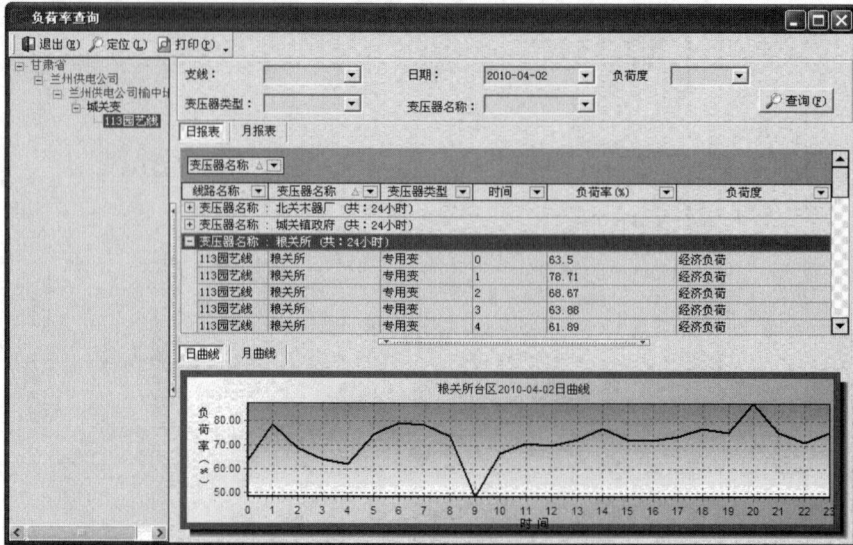

图 5-14　无功优化结果显示

计算完成后，可以进行负荷率、负载率、功率损耗等的结果对比，计算结果对比如图 5-15 所示。

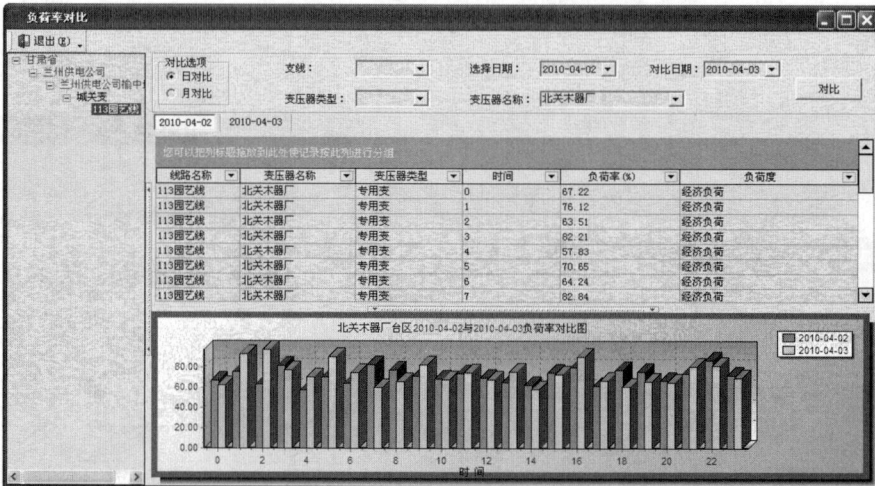

图 5-15　计算结果对比

结果对比查询界面中，左边为线路选择列表，最上面为对比条件选择部分，中间是表格显示对比结果，下面为图形曲线显示对比结果，并且可以查看日对比和月对比两种，月份为当前选择的日期所在的月份，对比结果中，如果某些指标超限的时候，则在表格中用红色标记出来。

5.4.5　模拟降损分析

模拟降损分析模块的主要功能是对现有的电网结构进行降损模拟分析，对电网损耗进行计算，给出节能降损方案；同时，若对现降损方案不满意，则可以新建一个方案，若觉得该方案有缺陷，也可以对该方案进行修改或者直接删除该方案。模拟降损分析如图 5-16 所示。

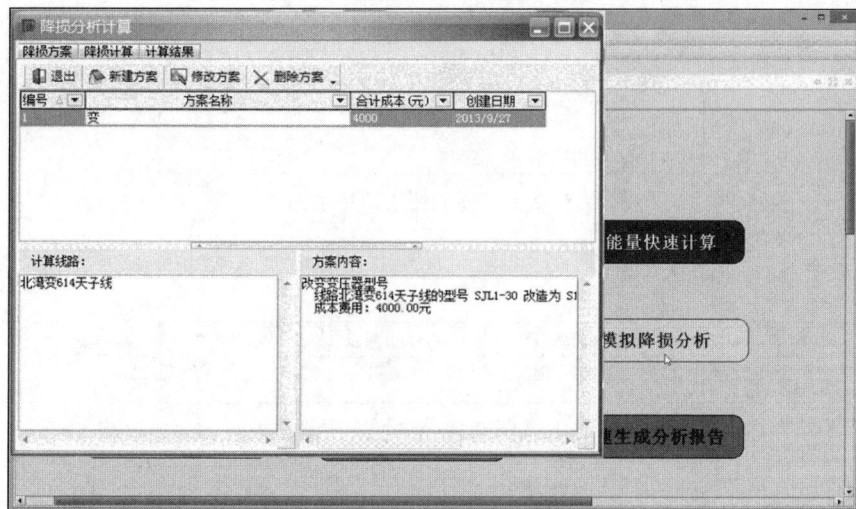

图 5-16　模拟降损分析

5.4.6　综合降损方案

综合降损方案模块能够在对电网损耗进行计算后，通过已知有功电量、线损率和总损耗，从而给出降损建议，综合降损方案如图 5-17 所示，给出降损建议为：①更换高耗能变压器；②更换非经济运行变压器；③进行无功补偿。

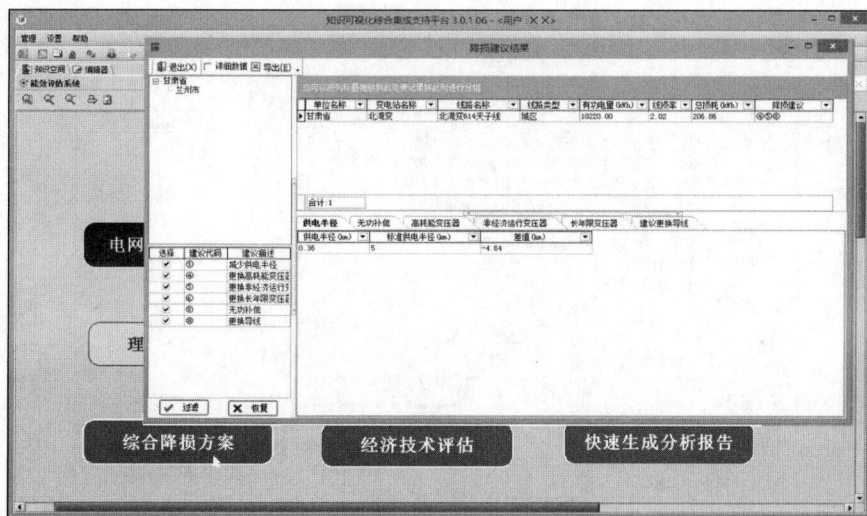

图 5-17　综合降损方案

那么，高耗能变压器的更换结果如图 5-18 所示。

供电半径	无功补偿	**高耗能变压器**	非经济运行变压器	长年限
变压器名称 ▼	**变压器类型** ▼	**变压器型号** ▼		
沈巷变压器	公用变	SJL1-100		
天子一级变压器	公用变	S7-125		
天子二级变压器	公用变	S7-80		
天子三级变压器	公用变	S7-50		
养鸡场变压器	公用变	SJL1-250		
高崖四级变压器	公用变	SJL1-30		
李天明变压器	公用变	S7-200		
吕巷变压器	公用变	S7-100		
种庄变压器	公用变	S7-80		
高崖抽水变压器	公用变	S7-50		
观象站抽水变压器	公用变	S7-80		
杏树坪一级变压器	公用变	S7-200		
马滩变压器	公用变	S7-50		
天子加工厂变压器	公用变	S7-100		

图 5-18　高耗能变压器更换结果

更换非经济变压器结果如图 5-19 所示，进行无功补偿后的结果如图 5-20 所示。

供电半径	无功补偿	高耗能变压器	**非经济运行变压器**	长年限变压器	建议更换导线
变压器名称 ▼	**变压器类型** ▼	**变压器型号** ▼	**平均负载率** ▼		
门巷变压器	公用变	S9-100	0		

图 5-19　更换非经济型变压器结果

供电半径	**无功补偿**	高耗能变压器	非经济运行变压器	长年限变压器	建议更换导线
功率因数 ▼	**功率因数限值** ▼	**差值** ▼			
0.84	0.90	-0.06			

图 5-20　进行无功补偿后的结果

5.4.7　经济技术评估

经济技术评估主要是采用本书提出的能效评估指标体系，对电网运行状况进行评估，同时，进行经济评估，从而计算出投资、收益等相关数据，图 5-21 为变电站经济运行计算界面。

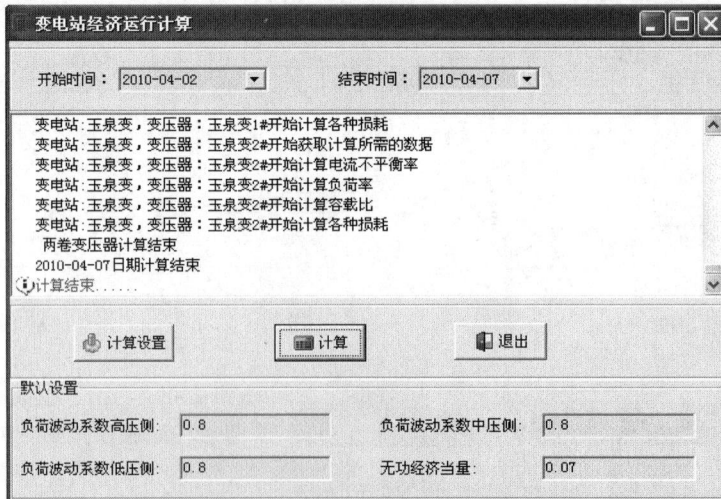

图 5-21　变电站经济运行计算界面

　　计算完成后，可以进行负荷率、负载率、容载比、功率损耗等的结果查询，其结果查询界面如图 5-22 所示。

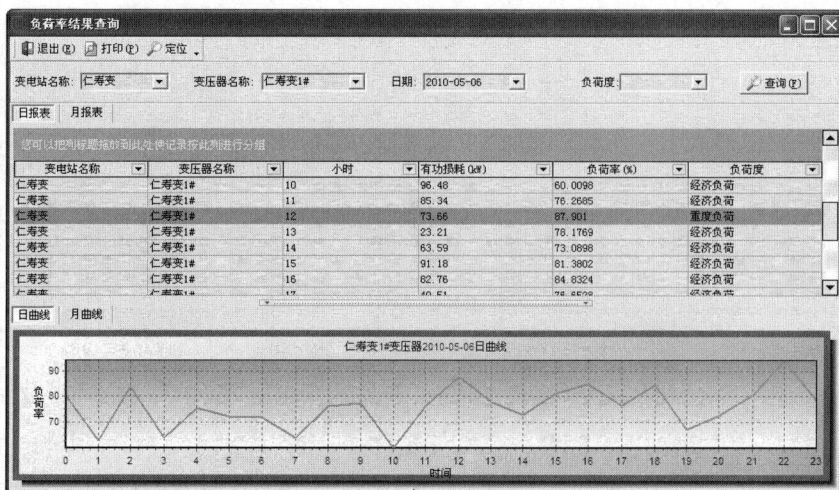

图 5-22　负载率结果查询界面

　　结果查询界面中，上边是查询条件选择部分，中间是表格显示查询结果，下面为图形曲线显示查询结果，并且可以查询日结果和月结果两种，月份为当前选择的日期所在的月份，查询结果中，如果指标超限的时候则在表格中用红色标记出来。

　　计算完成后，可以进行负荷率、负载率、容载比、功率损耗等的结果对比，负荷率对比界面如图 5-23 所示。

图 5-23　负载率对比界面

　　结果对比查询界面中，最上面为对比条件选择部分，中间是表格显示对比结果，下面为图形曲线显示对比结果，并且可以查看日对比和月对比两种，月份为当前选择的日期所在的月份，对比结果中，如果某些指标超限的时候则在表格中用红色标记出来。

负荷率分布统计界面如图 5-24 所示。

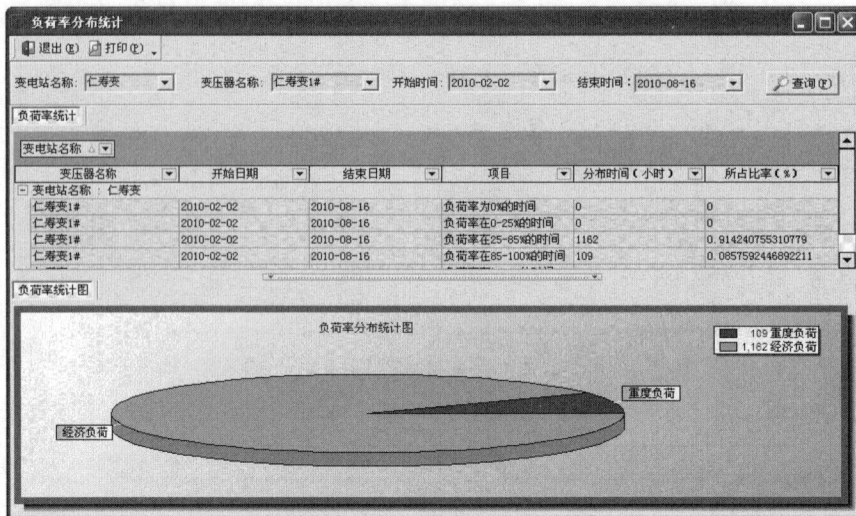

图 5-24　负荷率分布统计界面

负荷率分布统计界面中，上边为查询条件选择界面，中间为表格显示查询结果，下边为饼图显示查询数据。

变电站经济运行曲线如图 5-25 所示。此界面中上边表格显示每个变电站经济运行区间及区间端点，以及建议经济的变压器。下边为图形直观显示每个变电站的经济运行区间。

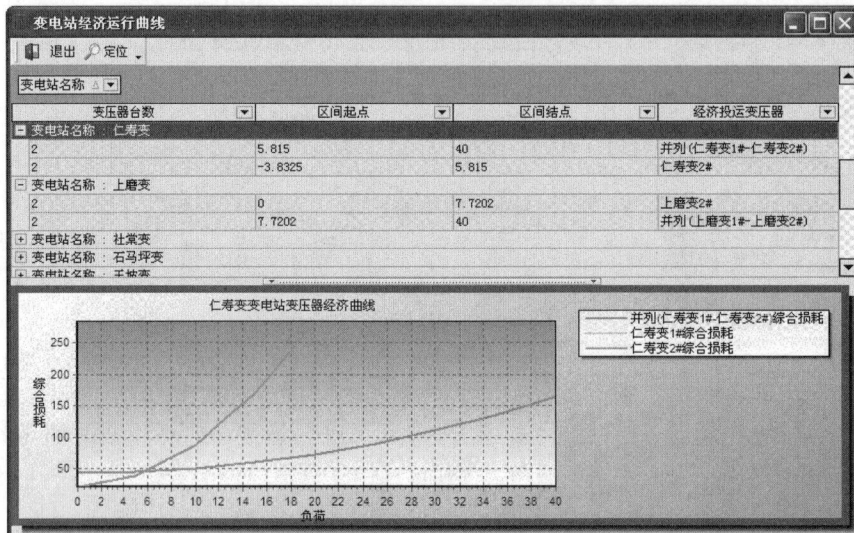

图 5-25　变电站经济运行曲线

5.4.8　快速生成分析报告

快速生成报告模块能够根据静态评估、动态评估及分析决策的结果，以 Word 文件形式快速生成电网线损分析、无功优化及经济决策等分析报告，线损分析报告如图 5-26 所示。无功优化分析报告如图 5-27 所示。

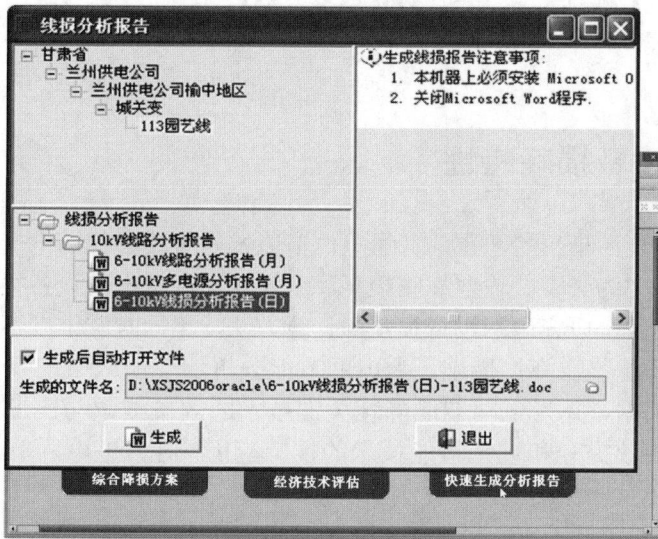

图 5-26　线损分析报告

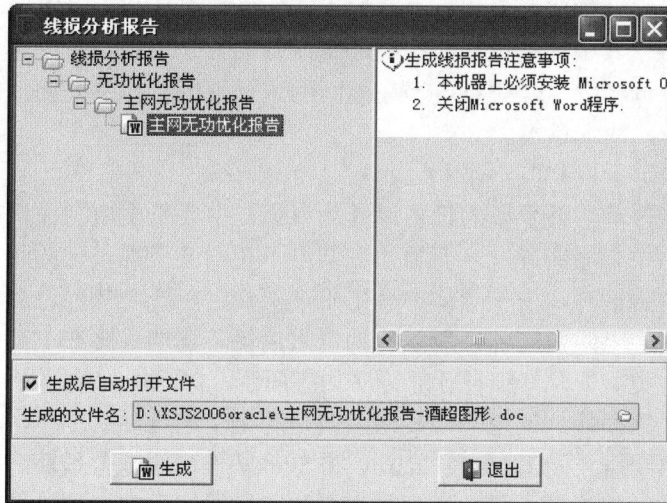

图 5-27　无功优化分析报告

第6章 电网设备能效评估

6.1 电网典型设备损耗特性

在能源紧缺和环境污染日趋严重的背景下，节能发展势在必行。电能作为最优秀的二次能源之一，降低损耗尤为必要。输电线路损耗和变压器损耗是电网设备损耗的最主要的组成部分，从这个角度出发，研究电网设备损耗的计算方法、不同时空维度下影响电网设备损耗的关键因子、电网设备节能降损措施，为电网节能分析和节能效果的量化预测、量化设计以及量化评估提供依据，并为电网节能降耗关键技术的效果测量与实证提供技术支撑，有利于促进电网设备能效提升和设备节能技术的推广应用，对推进电网节能减排工作具有重要意义。

6.1.1 电网典型设备损耗

从电网的主要运行设备角度来分析电网的损耗，可将损耗分为输电线路损耗、变压器损耗和其他设备损耗[46]。其中，输电线路损耗和变压器损耗是电网损耗的主要来源，其他设备如电容器、电抗器、调相机、开关设备等在电网的运行中也会产生损耗，但损耗电量相对较小，基本可忽略不计，故本章不做分析。

1. 输电线路损耗

输电线路是电能传输的最主要的设备，其功率损耗主要是由电阻作用产生的。当导线两端加上电压时，线路中有电流通过，而导体在常温下对电流呈现一定的阻力，这便是导体的电阻。电能在导线中传输时，由于导体中有电阻，消耗电能产生热能，最终扩散到空气中。因为这种损耗是导体的电阻引起的，所以称为电阻消耗。输电线路在主要分为架空输电线路和电缆输电线路两大类[47-54]，其损耗计算分布如下所示：

（1）架空输电线路损耗。架空输电线路主要是用架空绝缘导线输电，是电力导线由架空方式敷设组成的配电线路。如 110kV、220kV 和 500kV 的高压输电线路。对架空线路来讲，其最主要损耗为导体发热损耗，另外当高压送电线路导线表面的工作电场强度超过空气击穿强度时，会产生电晕放电。电晕放电增加了输电线路的有功功率和电能损耗，所以架空输电线路损耗需要用线路电阻发热损耗和线路电晕损耗来校核。一般情况下，电晕损耗应小于电阻发热损耗的 10%。

（2）电阻发热损耗。当负荷电流通过线路时，在线路电阻上会产生功率损耗。本书采用方均根电流法进行损耗计算。

$$\Delta A = 3I_{rms}^2 RT \times 10^{-3} \tag{6-1}$$

式中：I_{rms} 为测量期内方均根电流值（A）；R 为考虑各种因素修正后的线路计算电阻值（Ω）；T 为测量期时间（h）。

$$I_{rms} = \sqrt{\frac{\sum_{t=1}^{T} I_t^2}{T}} \qquad (6-2)$$

式中：I_t 为负荷电流实测值（A）。

当负荷曲线以三相有功功率、无功功率表示时，有

$$I_{rms} = \sqrt{\frac{\sum_{t=1}^{T} \frac{P_t^2 + Q_t^2}{U_t^2}}{3T}} \qquad 即 3I_t^2 = 3\frac{P_t^2 + Q_t^2}{U_t^2} \qquad (6-3)$$

式中：P_t 为导线实测的三相有功功率（kW）；Q_t 为导线实测的三相无功功率（kvar）；U_t 为与 P_t、Q_t 同一测量端同一时刻的线电压值（kV）。

上述损耗计算中，各种因素修正后的线路计算电阻值指的是考虑负荷电流引起的温升、环境温度对电阻值产生的影响，将导线电阻分成以下三个分量：

输电线路在 20℃时的电阻值 R_{20}。

电流通过输电线路时，由于发热使导线温度升高而产生的电阻值 ΔR_i。

$$\Delta R_i = R_{20}\beta_1 \qquad (6-4)$$

输电线路运行环境温度不足 20℃时所产生的电阻值 ΔR_a。

$$\Delta R_i = R_{20}\beta_2 \qquad (6-5)$$

式中：β_1 为输电线路温升对电阻影响的修正系数；β_2 为周围环境温度对电阻影响的修正系数。

$$\beta_1 = 0.2\left(\frac{I_{rms}}{I_{ad}}\right)^2 \qquad (6-6)$$

$$\beta_2 = \alpha\left(T_{av} - 20\right) \qquad (6-7)$$

式中：I_{rms} 为测量期内方均根电流值（A）；I_{ad} 为周围空气温度为 20℃时，输电线路达到容许温度时的容许持续电流（A）；α 为输电线路电阻温度系数，一般对于铝线或者钢芯铝线 $\alpha=0.004$；T_{av} 为线损测量期内的环境平均温度（℃）。

所以架空输电线路的发热损耗计算见式（6-8）。

$$R = R_{20}\left(1 + \beta_1 + \beta_2\right) \qquad (6-8)$$

（3）电晕损耗。当输电线路表面最大工作场强小于产生电晕的临界场强时，即可避免电晕放电。因此，线路设计阶段要根据高压送电线路经过地区的气象条件和所选的导线及布置方式进行如下两种场强的计算：

电晕起始临界场强 E_0（kV/cm）：

$$E_0 = 30.3M\sqrt{\delta}\left(1 + \frac{0.3}{\sqrt{r_0\delta}}\right) \qquad (6-9)$$

式中：M 为输电线路表面粗糙系数，当输电线路外层超过 24 股时，一般取 $M=0.9$ 较符合实际情况；r_0 为导线半径（cm）；δ 为相对空气密度。当大气压力 ρ 以 MPa 为单位，温度为 t（℃），其相对空气密度计算见式（6-10）。

$$\delta_t = \frac{2892\rho}{273+t} \tag{6-10}$$

对于高海拔地区，其相对空气密度 δ_h 计算见式（6-11）。

$$\delta_h = \delta_0 \left(1+\frac{\mathrm{grad}tH}{T_0}\right)^{4.26} \tag{6-11}$$

式中：δ_0 为标准状态下的相对空气密度；H 为海拔（m）；$\mathrm{grad}t$ 为空气的垂直温度梯度，一般取 0.0065℃/m；T_0 为标准状态下的热力学温度，$T_0 = (273+20)\mathrm{K} = 293\,\mathrm{K}$。

输电线路表面最大场强 E_M（kV/cm）：

对于采用单导线的线路

$$E_M = 0.014\,7\frac{C_W U_m}{r} \tag{6-12}$$

对于采用分裂导线的线路

$$E_M = K \times 0.0147\frac{C_W U_m}{nr} \tag{6-13}$$

式中：U_m 为线路的实际最高运行电压（kV），线路长度在 100km 以内时取额定电压的 1.1 倍，线路长度超过 100km 时线路前半段取额定电压的 1.1 倍，后半段取额定电压的 1.05 倍；C_W 为各相线路的工作电容（pF/m）；r 为线路的计算半径（cm）；K 为计算分裂导线表面最大场强系数。

$$K = 1+\frac{2r}{a}(n-1)\times\sin\frac{\pi}{n} \tag{6-14}$$

式中：a 为分裂导线的分裂间距（cm）。对于边相导线，$C_W = 1.03C_{av}$；对于中相导线 $C_W = 1.1C_{av}$。

$$C_{av} = \frac{24.1}{\tan\dfrac{D_{av}}{r_{eq}}} \tag{6-15}$$

$$D_{av} = \sqrt[3]{D_{ab}D_{bc}D_{ca}} \tag{6-16}$$

式中：C_{av} 为三相换位架空输电线路的平均电容（μF）；D_{av} 为三相导线间的几何平均距离（cm）；D_{ab}、D_{bc}、D_{ca} 为三相导线之间的距离（cm）；r_{eq} 为每相导线的等效半径（对于单导线 $r_{eq} = r$，对于分裂导线 $r_{eq} = \sqrt[n]{ra_{av}^{n-1}}$，其中，$a_{av}$ 为分裂导线之间距离的几何平均值）（cm）。

一般情况下，导线表面最大工作场强不超过电晕起始临界场强的 85%，即 $E_M/E_0 \leqslant 0.85$，则在正常天气下线路不会产生电晕。

线路每相每根导线的电晕损失功率 P_t［kW/（km·相）］与空气的相对密度 δ、导线的计算半径 r 以及导线表面的最大电场强度 E_M 等因素存在着函数关系，见式（6-17）。

$$P_t = \frac{\Delta P_c}{n}f\left(\delta_t r, E_M/\delta_t\right) \tag{6-17}$$

式中：P_t 和 $\dfrac{\Delta P_c}{n}$ 为各种天气条件下每相每根导线每千米的电晕损失功率（kW）；δ_t 为相对空气密度；n 为分裂导线数。

当三相导线水平排列时，测试期内电晕损耗电量 ΔA_c(kW•h) 计算见式（6-18）。

$$\Delta A_c = n\left[2\sum(P_{1t}T_t) + \sum(P_{2t}T_t)\right]L \qquad (6-18)$$

式中：n 为分裂导线数；T_t 为某种气候条件的累积时间（h）；P_{1t} 某种气候条件下边相每根导线每千米的电晕损失功率［kW/（km·相）］；P_{2t} 为某种气候条件下中相每根导线每千米的电晕损失功率［kW/（km·相）］；L 为线路长度（km）。

（4）电缆线路损耗。电缆线路是由电缆材料组成的电力线路，主要是为了安全，考虑绝缘，在人随时可以碰到的地方，用电缆线路。电缆线路电压等级诸多，3～500kV 均有。电缆线路结构复杂，除了有电缆导体的电阻发热损耗外，在绝缘层中还有介质损耗。本节主要对电缆线路的负载损耗和空载损耗进行计算。

1）电缆线路负载损耗。电缆芯线发热损耗计算和架空线路导线发热损耗计算相同，需要区别的是由于三相电缆各相芯线距离很近，所以有较显著的趋肤效应和邻近效应，使芯线交流电阻增大。在考虑芯线周围温度影响后的交流电阻、趋肤效应和邻近效应后，三相交流电缆的交流电阻计算见式（6-19）。

$$R = R_{20}\left[1 + \alpha_{20}\left(\theta_c - 20\right)\right](1 + K_1 + K_2) \qquad (6-19)$$

式中：R_{20} 为 20℃时芯线的直流电阻（Ω）；α_{20} 为芯线导体材以 20℃为基准的电阻温度系数，一般的铜为 $\alpha_{20}=0.003\,931/℃$，铝为 $\alpha_{20}=0.004\,031/℃$；θ_c 为芯线温度（℃）；K_1 为电缆线路趋肤效应系数；K_2 为电缆线路邻近效应系数。

电缆线路金属护套中的电能损耗与电缆的结构和护套的连接方式有关。电缆护套损耗与芯线中的电流的平方成正比，因此其与芯线损耗之比为常数，其计算见式（6-20）。

$$\Delta A = 3\lambda_1 I^2 RT \times 10^{-3} \qquad (6-20)$$

$$\lambda_1 = \frac{R_h}{R} \cdot \frac{1.7X_h^2}{R_h^2 + X_h^2} \qquad (6-21)$$

式中：λ_1 为电缆护套损耗系数；I 为测量期内电流值（A）；R 为考虑芯线温度、趋肤效应和邻近效应后的交流电缆电阻（Ω）；T 为测量期时间(h)；R_h 为单位长度护套的有效电阻（Ω/cm）；X_h 为单位长度护套的电抗（Ω/cm）。

电缆铠装损耗是指电缆铠装层和加强层中由于磁滞和涡流所引起的损耗 ΔA_k，其与电流的平方成正比，其计算见式（6-22）。

$$\Delta A = 3\lambda_2 I^2 RT \times 10^{-3} \qquad (6-22)$$

$$\lambda_2 = 1.23(1 - \frac{R_h}{R} \cdot \frac{1.7X_h^2}{R_h^2 + X_h^2})\frac{R_k}{R} \cdot \frac{2C}{D_k} \cdot \frac{1}{(44R_k \times 10^6 / f)^2 + 1} \qquad (6-23)$$

式中：I 为测量期内电流值（A）；R 为考虑芯线温度、趋肤效应和邻近效应后的交流电缆电阻（Ω）；T 为测量期时间（h）；R_h 为单位长度护套的有效电阻（Ω/cm）；X_h 为单位长度护套的电抗（Ω/cm）；R_k 为电缆铠装的单位长度电阻（Ω/cm）；D_k 为电缆铠装的平均直径（cm）；C 为电缆中心与芯线中心的距离（cm）。

2）电缆线路的空载损耗。电缆线路的空载损耗指的是电缆绝缘层的介质损耗。当电缆工作电压较高时，绝缘层的介质损耗才显得重要，介质损耗与电缆的负荷无关，仅与其工作电压有关。单位长度每相电缆的介质损耗ΔA（kW·h/km）计算见式（6-24）。

$$\Delta A = 3U_{ph.av}^2 \omega C \tan\delta T \times 10^{-9} \tag{6-24}$$

$$C = \frac{\varepsilon_r \times 10^6}{18\ln\dfrac{r_2}{r_1}} \tag{6-25}$$

式中：$U_{ph.av}$为测量期内电缆线路的相电压平均值（kV）；ω为交流电角频率(rad/s)；C为电缆单位长度的工作电容（pF/km），可以从电缆的产品目录中查到；$\tan\delta$为电缆线路绝缘介质损失角正切值，其与电缆的材料、结构和线路额定电压有关；T为测量期时间（h）；ε_r为绝缘材料的相对介电常数（一般地，对于油浸纸绝缘电缆，ε_r=3.55）；r_1、r_2分别为电缆芯线外半径和绝缘层的外半径（cm）。

2. 变压器损耗

变压器是输变电行业的主要设备，从发电、输电、配电到用电，一般需要3~5次的变压过程，并且这些过程都存在电能损耗。统计显示，我国变压器的总损耗占全网损耗的23.2%，特别是在220kV及以下的地区电网中，变压器的损耗甚至超过网损总和的30%以上[55-61]。变压器损耗产生的原因主要有如下两个原因：

（1）电阻作用：变压器的绕组是铜材料的导体，当电流通过，对电流呈现阻力。变压器传输电能时也需克服导体的电阻，消耗电能。这部分损耗又习惯称之为铜损。铜损随绕组中的电流大小变化而变化，故又称为可变损耗。

（2）磁场的作用：变压器在从一次侧向二次侧传输电能时需要建立并维持交变磁场，从而产生感应电流，才能完成升压或降压的目的。电流在一次侧建立磁场的过程，也就是电磁转化的过程。当铁磁材料置于交变磁场中时，材料被反复交变磁化，由于铁磁材料的非线性特性，磁畴之间相互不停地摩擦，消耗能量、造成损耗，这种损耗称为磁滞损耗。与此同时，由于铁心是导电的，故当通过铁心的磁通随时间交变时，根据电磁感应定律，铁心中将产生感应电动势，并引起环流。这些环流在铁心内部围绕磁通做漩涡状流动，称为涡流。涡流在铁心中引起的损耗称为涡流损耗。磁滞损耗和涡流损耗之和称为铁心损耗，简称为铁损。这种损耗与流过变压器的电流大小无关，而与变压器内部建立磁场的主磁通大小有关，而主磁通大小与电网电压成正比，故电网电压一定时，损耗亦固定，所以这部分损耗又称为固定损耗。

一般情况下，变压器空载损耗、短路损耗、空载电流和阻抗电压均在出厂铭牌上标注，可直接进行理论损耗计算。变压器运行自身要产生有功功率损耗和无功功率损耗，综合损耗表征了变压器有功功率损耗和无功功率损耗的共同作用。其中双绕组变压器和三绕组变压器的功率损耗计算有很大不同，下面分别进行介绍：

（1）双绕组变压器功率损耗。

1）双绕组变压器有功损耗。变压器的空载损耗P_0和短路损耗P_k之和构成了变压器的有功损耗。有功损耗中的空载损耗P_0主要有铁心磁滞损耗和涡流损耗组成，在计算中常作为常数，故称为固定损耗；短路损耗与负载侧电流有关，故称为可变损耗，由于短路损耗是变压器在额定负载下的损耗，故在作为有功损耗的一部分时要乘以变压器的负载系数β的二次方，其计算见式（6-26）。

$$\Delta P = P_0 + \beta^2 P_k \qquad (6\text{-}26)$$

$$\beta = \frac{I_2}{I_{2N}} = \frac{P_2}{S_N \cos\varphi} \qquad (6\text{-}27)$$

式中：P_0 为变压器空载损耗（kW）；P_k 为变压器负载损耗（kW）；β 为变压器的负载系数（或者负载率）；I_2 为变压器负载侧电流（A）；I_{2N} 为变压器负载侧额定电流（A）；P_2 为变压器负载侧输出有功功率（kW）；S_N 为变压器额定容量（kV·A）；$\cos\varphi$ 为变压器负载侧功率因数。

2）双绕组变压器无功损耗。变压器本身又是一个感性无功负载，并且其无功损耗远大于有功损耗。无功损耗的计算与有功损耗的计算不同。变压器空载时，无功损耗只涉及励磁功率 Q_0；变压器负载时，无功损耗还涉及漏磁功率 Q_k。

变压器空载运行时，除了产生有功损耗外，还产生无功损耗（即励磁功率 Q_0），其计算见式（6-28）。

$$S_0 = I_0\% S_N \times 10^{-2} \qquad (6\text{-}28)$$

$$Q_0 = \sqrt{S_0^2 - P_0^2} \qquad (6\text{-}29)$$

式中：S_0 为空载实验时的视在功率（kV·A）；$I_0\%$ 为变压器空载电流；Q_0 为励磁功率（kvar）。

在进行短路实验时，变压器除了产生短路损耗外，还产生无功损耗（即漏磁功率 Q_k），其计算见式（6-30）。

$$S_k = U_k\% S_N \times 10^{-2} \qquad (6\text{-}30)$$

$$Q_k = \sqrt{S_k^2 - P_k^2} \qquad (6\text{-}31)$$

式中：S_k 为短路实验时的视在功率（kV·A）；$U_k\%$ 为变压器短路电压；Q_k 为漏磁功率（kvar）。

则变压器的无功损耗计算见式（6-32）。

$$\Delta Q = Q_0 + \beta^2 Q_k \qquad (6\text{-}32)$$

式中：Q_0 为变压器空载时，励磁功率（kW）；Q_k 为变压器负载时，漏磁功率（kW）；β 为变压器的负载系数（或者负载率）。

3）双绕组变压器综合功率损耗。上述两种变压器损耗会导致所连接电网的有功损耗增加，即增加网损。为了衡量变压器本身损耗的大小和由此导致的电网网损的增加，特引出变压器综合损耗这个概念。双绕组变压器的综合损耗指变压器自身的有功损耗和无功损耗分别导致的电网有功损耗增量和变压器本身的有功损耗之和。

将变压器无功损耗换算成电网无功损耗的增量时，需要考虑无功功率经济当量。K_Q 其大小与发电厂到变电所所在处的距离、线电压等有关，通常可通过查表得到，见表 6-1。

表 6-1　　　　　　　　　　　　无功功率经济当量 K_Q

变压器在电网中位置	K_Q	变压器在电网中位置	K_Q
发电厂母线直配	0.02～0.04	三次变压	0.08～0.10
二次变压	0.05～0.07	$\cos\varphi = 0.9$	0.02～0.04

将变压器有功损耗换算成电网有功损耗的增量时，需要考虑有功功率经济当量 K_P。其计算见式（6-33）。

$$K_P = K_Q \frac{P_2}{Q_2} = K_Q \cot \varphi_2 \tag{6-33}$$

式中：P_2 为变压器负载侧的有功功率；Q_2 为变压器负载侧的无功功率；φ_2 为变压器负载侧功率因数角。

那么，变压器的空载综合损耗 P_{0z} 为

$$P_{0z} = P_0 + K_Q Q_k + K_P P_k \tag{6-34}$$

式中，P_0 为变压器空载损耗。

变压器的短路综合损耗 P_{kz} 为

$$P_{kz} = P_k + K_Q Q_k + K_P P_k \tag{6-35}$$

式中：Q_k 为变压器励磁损耗；P_k 为变压器短路损耗。

在获得变压器空载综合损耗和短路综合损耗以后，变压器的综合损耗 ΔP_z 计算如式（6-36）。

$$\Delta P_z = P_{0z} + \beta^2 P_{kz} \tag{6-36}$$

由于综合损耗不仅包含了变压器本身的损耗，又包含了变压器损耗导致的系统网损，既考虑了各种有功损耗，又兼顾了无功损耗。

（2）三绕组变压器功率损耗。三绕组变压器与双绕组变压器绕组数目不同，在计算功率损耗上有差异，但原理是类似的。

1）三绕组变压器有功损耗。与双绕组变压器类似，通过变压器铭牌标注获得空载损耗 P_0，各绕组短路损耗 P_{k1}、P_{k2}、P_{k3} 后，可以计算变压器的有功损耗。

$$\Delta P = P_0 + \beta_1^2 P_{k1} + \beta_2^2 P_{k2} + \beta_3^2 P_{k3} \tag{6-37}$$

$$\beta_1 = \frac{I_1}{I_{1N}} = \frac{P_1}{S_{1N} \cos \varphi_1} \tag{6-38}$$

$$\beta_2 = \frac{I_2}{I_{2N}} = \frac{P_2}{S_{2N} \cos \varphi_2} \tag{6-39}$$

$$\beta_3 = \frac{I_3}{I_{3N}} = \frac{P_3}{S_{3N} \cos \varphi_3} \tag{6-40}$$

式中：β_1、β_2、β_3 分别为变压器当前一、二、三次侧的负载系数；I_1、I_2、I_3 分别为变压器一、二、三次侧的负载电流（A）；I_{1N}、I_{2N}、I_{3N} 分别为变压器一、二、三次侧的额定电流（A）；P_1、P_2、P_3 分别为变压器一、二、三次侧的有功功率（kW）；$\cos \varphi_1$、$\cos \varphi_2$、$\cos \varphi_3$ 分别为变压器一、二、三次侧的功率因数。

2）三绕组变压器无功损耗。在计算三绕组变压器的无功损耗之前，首先要计算短路试验时三侧绕组的漏磁功率 Q_{k1}、Q_{k2}、Q_{k3} 和空载试验时的励磁功率 Q_0。

$$\begin{cases} Q_{k12} = U_{k12}\% \times S_{1N} \times 10^{-2} \\ Q_{k13} = U_{k13}\% \times S_{1N} \times 10^{-2} \\ Q_{k23} = U_{k23}\% \times S_{1N} \times 10^{-2} \end{cases} \tag{6-41}$$

$$\begin{cases} Q_{k1} = \dfrac{Q_{k12} + Q_{k13} - Q_{k23}}{2} \\[2ex] Q_{k2} = \dfrac{S_{2N}^2 \left(Q_{k12} + Q_{k23} - Q_{k13} \right)}{2 S_{1N}^2} \\[2ex] Q_{k3} = \dfrac{S_{3N}^2 \left(Q_{k13} + Q_{k23} - Q_{k12} \right)}{2 S_{1N}^2} \end{cases} \tag{6-42}$$

式中：$U_{k12}\%$ 为二次侧短路时，换算到一次侧的阻抗电压百分数；$U_{k13}\%$ 为三次侧短路时，换算到一次侧的阻抗电压百分数；$U_{k23}\%$ 为三次侧短路时，换算到二次侧的阻抗电压百分数。

$$S_0 = I_0\% \times S_N \times 10^{-2} \tag{6-43}$$

$$Q_0 = \sqrt{S_0^2 - P_0^2} \tag{6-44}$$

则三绕组变压器的无功功率损耗 ΔQ 为

$$\Delta Q = Q_0 + \beta_1^2 Q_{k1} + \beta_2^2 Q_{k2} + \beta_3^2 Q_{k3} \tag{6-45}$$

3）三绕组变压器综合功率损耗。与双绕组变压器综合功率损耗计算相似，在计算三绕组变压器综合功率之前，先分别计算三绕组变压器空载综合损耗和短路综合损耗。三绕组变压器空载综合损耗 P_{0z} 为

$$P_{0z} = P_0 + K_Q Q_0 + K_P P_0 \tag{6-46}$$

三绕组变压器三侧绕组的短路综合损耗 P_{kz1}、P_{kz2}、P_{kz3} 为

$$\begin{cases} P_{kz1} = P_{k1} + K_Q Q_{k1} + K_P P_{k1} \\ P_{kz2} = P_{k2} + K_Q Q_{k2} + K_P P_{k2} \\ P_{kz3} = P_{k3} + K_Q Q_{k3} + K_P P_{k3} \end{cases} \tag{6-47}$$

式中：P_0 为三绕组变压器空载损耗（kW）；Q_0 为三绕组变压器励磁功率（kW）；P_{k1}、P_{k2}、P_{k3} 为三绕组变压器各侧绕组的短路损耗（kW）；Q_{k1}、Q_{k2}、Q_{k3} 为三绕组变压器各侧绕组的漏磁功率（kvar）。

综上所述，三绕组变压器的综合损耗 ΔP_z 见式（6-48）。

$$\Delta P_z = P_{0z} + \beta_1^2 P_{kz1} + \beta_2^2 P_{kz2} + \beta_3^2 P_{kz3} \tag{6-48}$$

6.1.2　变压器损耗特性分析

通过 6.1.1 小节分析，电网设备损耗一般包括设备自身损耗和负荷变化所带来的损耗。一方面，设备自身损耗与设备的出厂参数和运行方式相关；另一方面，设备损耗随电网负荷的变化而变化。电网负荷系统是一个周期性和随机性都很强的系统，它与社会、经济、气象等众多因素有着极为复杂的关系。电网负荷按一定趋势有规律地发展变化，同时，负荷受众多因素的影响，随时都可能发生一定的波动，与之相关的电网设备损耗也随之发生波动。

为正确描述电网设备在不同时空尺度、不同维度下的损耗特性，并准确评估电网设备的损耗水平，本章针对电网中典型设备如输电线路、变压器等，通过设备实测数据分析，在设备损耗计算的基础上，基于日月年时间尺度下、负荷变化和运行方式尺度下、不同类型设备维度下对其损耗特性进行分析，为电网设备节能降损服务。通过对电网实测数据采集分析计

算，对该地区电网设备在不同时空尺度、不同维度下损耗特性进行分析。

1. 不同时间尺度下变压器损耗特性分析

通过 6.1.1 小节变压器损耗计算分析可知，变压器的有功功率和无功功率对总有功损耗的影响的趋势是一样的。对于有功负载来说，可以从公式中看出，有功负荷越重，变压器的有功损耗越大。变压器在传输无功功率时也会造成额外损耗，与各端口的无功功率的平方成正比。本小节选取该地区某配电变压器进行实时数据分别进行日时间尺度下、月时间尺度下、年时间尺度下变压器损耗特性分析，所选取甘肃某电网变压器铭牌参数见表 6-2。

表 6-2　　　　　　　　　　　甘肃某电网变压器铭牌参数

变压器型号	台数	空载损耗/kW	负载损耗/kW	空载电流（%）	短路阻抗（%）
SZ11-6300	2	7	38.7	0.76	7.5
SC(B)9-RL-1000	3	1.99	7.76	1	6
SG10-800	2	1.57	9.86	0.5	6

（1）日损耗特性分析。本书采用的各季划分方式为：3 月、4 月、5 月为春季，6 月、7 月、8 月为夏季，9 月、10 月、11 月为秋季，12 月、1 月、2 月为冬季。选取一年四季的最大负荷日作为典型日，分析研究该地区 2013 年典型日负荷率曲线变化对变压器损耗特性的影响，如图 6-1 所示。

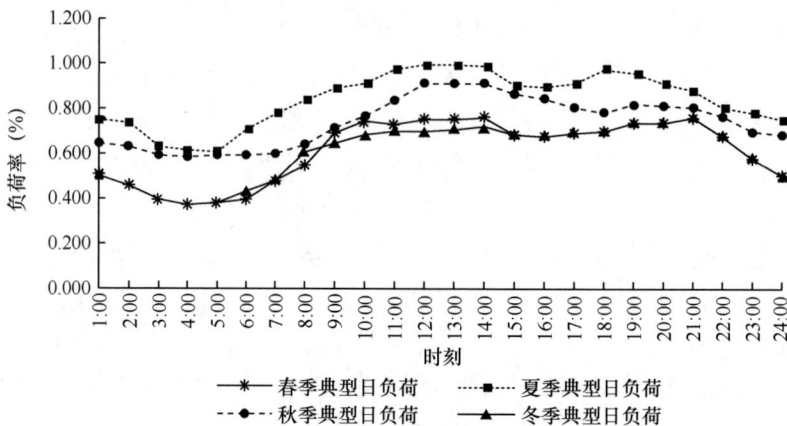

图 6-1　某地区 2013 年各季典型日负荷率曲线图

从该地区典型日负荷率曲线形状来看，春季和冬季典型日负荷曲线相似，夏季和秋季典型日负荷曲线相似，该地区每个典型日的最小负荷出现在凌晨 3:00 左右，最大负荷出现在 11:00 左右，且典型日负荷有两个高峰时段，分别为 12:00 左右、17:00 左右。该地区以居民用电为主，两个高峰出现的原因是人民生活水平的提高，导致空调、电磁炉的普及率提高，居民下班后用电量增加。

通过变压器损耗计算，绘制该地区响应典型日变压器损耗曲线，如图 6-2 所示。

由图 6-2 可知，变压器日损耗与当前负荷率成正比关系。在用电高峰期，供电负荷最大，变压器损耗也最大。

（2）月损耗特性分析。选取该地区 2 月、9 月两个月负荷为典型月进行月损耗分析，典型月负荷率曲线如图 6-3 所示。

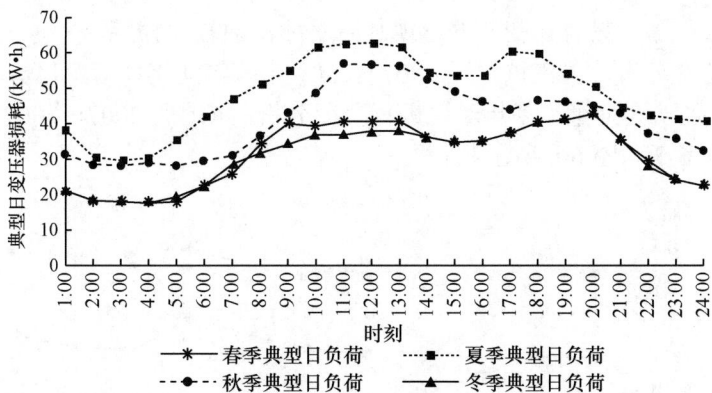

图 6-2 某地区 2013 年各季典型日变压器损耗曲线

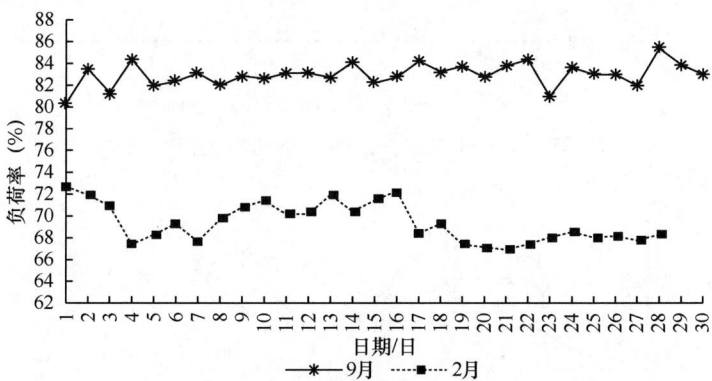

图 6-3 某地区典型月负荷率曲线

从图 6-3 负荷曲线可知，由于 2 月上中旬临近春节，该地区许多工业、企业负荷已经停运或降低，负荷率平均为 0.7 左右。在春节期间，以生活用电为主，许多工业、企业负荷已经停运或降低。与普通工作日相比，春节期间负荷曲线较平滑，没有明显的高峰时段。

某地区典型月变压器损耗曲线如图 6-4 所示。

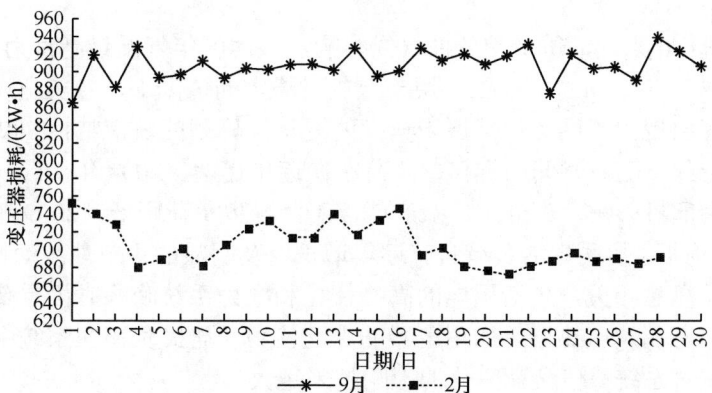

图 6-4 某地区典型月变压器损耗曲线

从图 6-4 可以看出，该地区负荷以居民生活用电为主，变压器月损耗由于时间跨度不大，故其损耗相对比较平缓，只有在变压器出现故障时才出现较大损耗。

（3）年损耗特性分析。采集该地区 2007～2009 年三年间年负荷变化情况和 2012 年全年负荷变化情况，分别从典型年和多年对比进行负荷分析，该地区 2007～2009 年负荷率和 2012 年负荷率曲线如图 6-5 和图 6-6 所示。

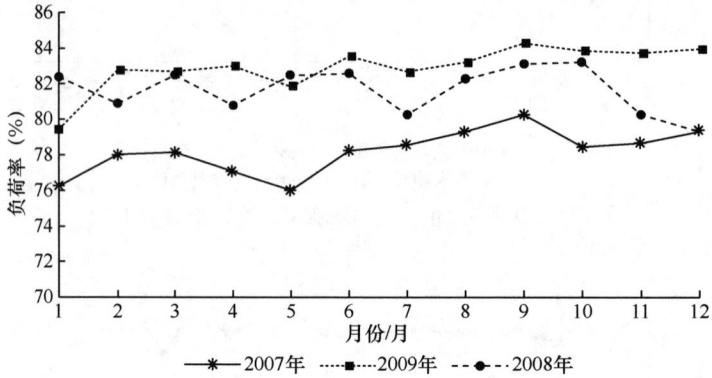

图 6-5　某地区 2007～2009 年变压器负荷率曲线

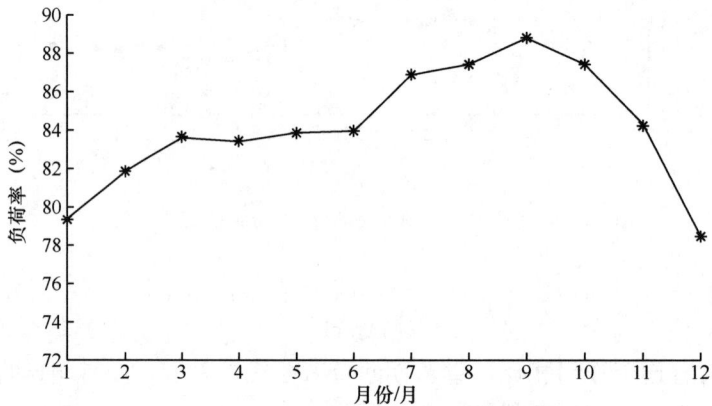

图 6-6　某地区 2012 年变压器负荷率曲线

从图 6-5 和图 6-6 来看，①受季节性气候影响，该地区年气温最高月为 8～9 月，因此年最大负荷率都出现在 8～10 月。在工业用电量相对稳定的情况下，各类空调制冷负荷达到最大，使得最大负荷出现，表明该地区属于典型的夏季高峰型的负荷特性。②各年的负荷率曲线总体趋势基本一致。随着时间的推移，负荷率在逐年递增。2008 年 10 月开始到 2009 年全年，受全球的金融危机影响，部分工厂减产或停工，导致负荷降低，2009 年上半年负荷水平与 2008 年上半年持平。居民生活负荷具有逐年增长以及明显的季节性波动特点，而且与居民的日常生活和工作息息相关，生活用电的高峰往往和电力系统晚峰时段重叠。随着经济的不断发展，电冰箱、空调及电热器等家用电器的广泛使用，居民负荷在系统中所占的比重在增加，居民生活负荷对系统峰值负荷变化的影响越来越大。

由年负荷率计算 2007～2009 年变压器损耗和 2012 年变压器损耗并绘制损耗曲线，分别如图 6-7 和图 6-8 所示。

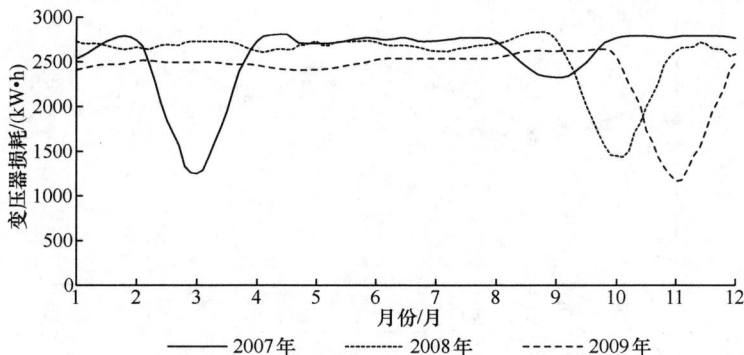

图 6-7　某地区 2007~2009 年变压器损耗曲线

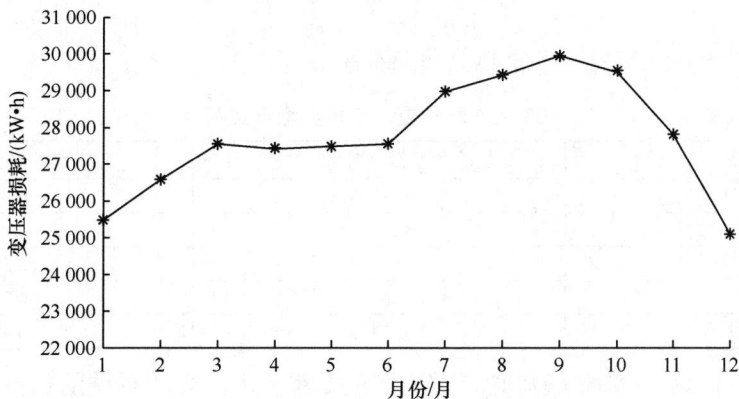

图 6-8　某地区 2012 年变压器损耗曲线

变压器年损耗变化曲线分析如下：

（1）横向分析。该地区的全年各月负荷比较稳定，全年仅在变压器年检和大修时降低生产，其间负荷仅为生活用电负荷，故损耗有一两个月份波动较大。

（2）纵向分析。一方面由于变压器性能不断优化，另一方面由于经济不景气，工业用电降低，逐年同期的变压器损耗呈下降趋势。

2. 不同用电负荷下变压器损耗特性

电网用电负荷系统是一个周期性和随机性都很强的系统，它与社会、经济、气象等众多因素有着极为复杂的关系。一方面，电网用电负荷按一定趋势有规律地发展变化；另一方面，用电负荷受众多因素的影响，随时都可能发生一定的波动。不同地区用电负荷组成方式的不同，决定了负荷的不同特点，也决定了相应设备损耗的不同，其结果是，不同地区的用电负荷对变压器损耗的影响具有差异。同一地区的不同时期，其变压器损耗也会不同。所谓的负荷组成的差异性主要体现在两个方面：一是负荷种类；二是各种负荷成分所占比重。不同组成的负荷在这两方面的差异决定了它们的负荷特性及对变压器损耗的不相同。本节针对某电网中不同类型变压器典型日实时数据对其损耗进行分析。该区域用电负荷以工业、商业、居民用电为主，其中大型工厂、企业供电由专用变供应，商业、居民用电由公用变公用。

（1）公用变压器负荷变化及损耗特性。该地区 2006 年夏、冬季典型日负荷率如图 6-9 所示。

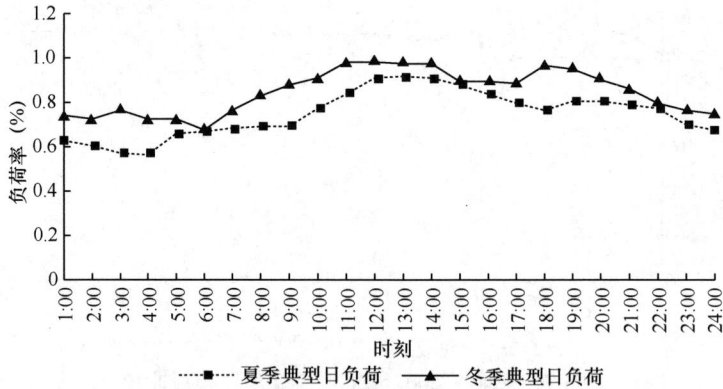

图 6-9　某地区 2006 年典型日负荷曲线

该地区 2005～2009 年夏、冬季典型日负荷率见表 6-3。

表 6-3　　　　　　　　　　　　　2005～2009 年夏、冬季典型日负荷率

年份	夏季典型日负荷率（%）	冬季典型日负荷率（%）
2005	0.8536	0.8013
2006	0.8348	0.8163
2007	0.7824	0.8031
2008	0.8072	0.7858
2009	0.7413	0.7914

　　分析可知，日负荷率整体趋势是夏季比同期冬季要大，表明夏季的负荷曲线波动较冬季的要小一些，因为该地区夏季气温较高、降温负荷所占比重大，且持续时间长，而冬季气温适宜，几乎不存在取暖负荷。

　　从夏季日负荷率来看，逐年呈递减趋势，主要原因有两个：一是随着经济发展和居民生活水平的提高，空调负荷所占比重越来越大，导致日尖峰负荷越来越大，日峰谷差明显；二是随着地区电网建设的日渐完善以及新电源投入，电力供应紧张的局面得到进一步的缓解，电网"卡脖子"的问题也逐渐减少，逐渐呈现出没有错峰用电情况下的负荷和负荷率的真实水平。

　　通过 6.1.1 节变压器损耗计算，该地区公用变压器典型日损耗曲线如图 6-10 所示。

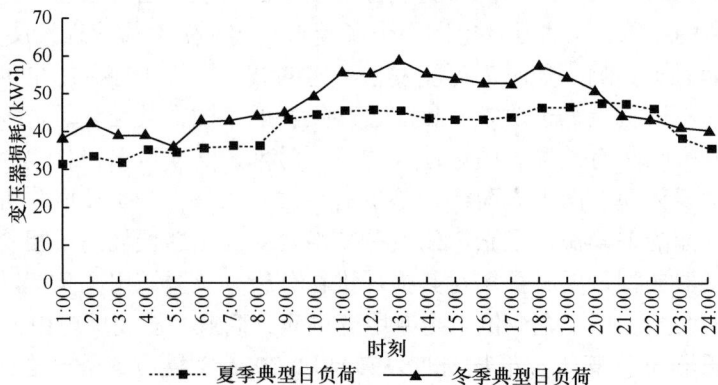

图 6-10　某地区 2006 年公用变压器典型日损耗曲线

　　由图 6-10 公用变压器日损耗图可以看出，在变压器负荷率超过 78%的情况下，设备损耗明显增加，在 50%~75%之间时，损耗变化幅度不明显。由于人民生活水平提高，商业和住宅用电增长迅猛，特别是空调的占有率非常高，电脑、电视机、电磁产品也很普及，用电负荷在一天有明显的峰谷落差，最高峰负荷率超过 80%，变压器损耗急剧上升，而在平稳期内损耗变化不大。

　　（2）专用变压器负荷变化及损耗特性。采集该区域专用变供电企业数据，分别选取一班制、两班制、三班制企业为例进行分析，专用变压器典型日负荷率曲线如图 6-11 所示。

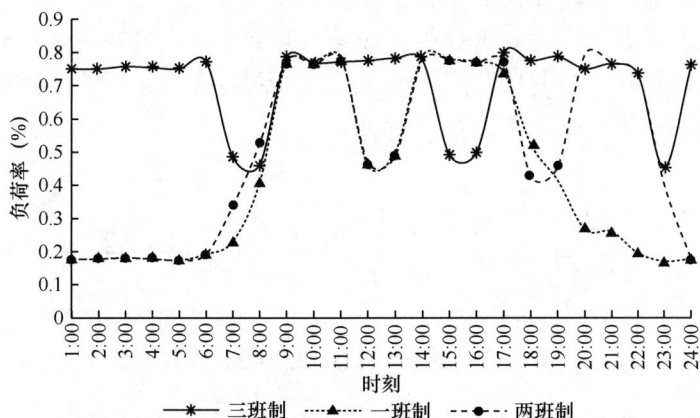

图 6-11　某地区 2006 年专用变压器典型日负荷率曲线

　　如图 6-11 所示，三种典型日负荷曲线分别代表一班制、两班制、三班制连续生产工作制的日负荷曲线。可以看出，各班制分别在生产班制期出现最高峰，非生产期为负荷低谷期，仅维持厂机器正常运转。

　　从该地区专用变典型日负荷率曲线形状来看，各个班组典型日负荷稳定，在交班时间点负荷率骤降。

　　某地区 2006 年专用变压器典型日损耗如图 6-12 所示。

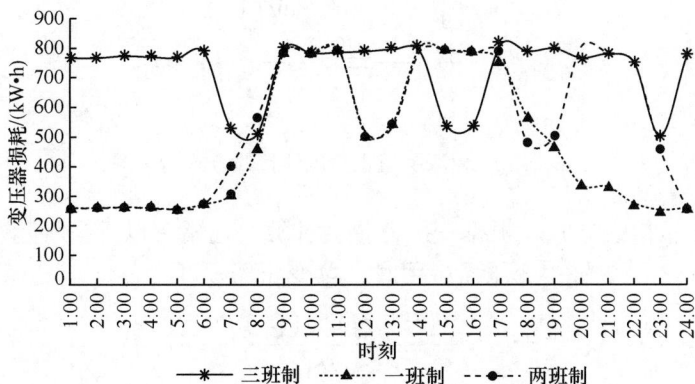

图 6-12　某地区 2006 年专用变压器典型日损耗图

　　该地区由专用变压器供电的企业，一班制和两班制负荷主要集中在白天，晚上后半夜负荷非常小，日峰谷差大，负荷率较低；三班制企业的负荷波动不是很大，冬夏季负荷水平差别不明显；公用变压器主要供应居民生活用电，其负荷的大小及负荷曲线的形状，与城市的大小、人口的密度及分布、居民的收入水平有关。气候条件也是影响市政居民负荷水平及负荷曲线的重要因素。分析表明，凡是经济比较发达的城市，居民生活水平较高，市政生活负荷水平也高，不同季节高峰负荷出现的时间也各不相同，但每个季节都具有规律性。居民生活负荷的负荷率及最小负荷率均很小。

3. 不同运行状态下变压器损耗特性

根据变压器所带负载安排变压器组的运行方式（并列运行或分列运行）会对变压器损耗造成影响，需量测并列运行或分列运行的变压器损耗。

若某变电站中变压器运行方式由分列运行转为并列运行，当变压器分列运行时，测量分列运行的单台变压器损耗；当变压器组并列运行时，测量并列运行的多台变压器损耗，变压器并列运行和分列运行基本原理如图 6-13 所示。

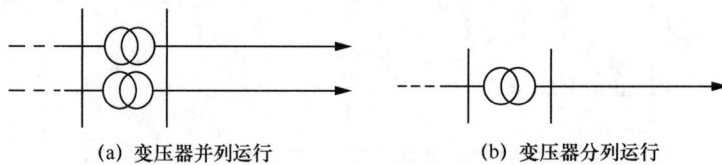

(a) 变压器并列运行   (b) 变压器分列运行

图 6-13 变压器并列运行和分列运行基本原理

选取某地区变电所两条母线和两台双绕组变压器来对变压器运行状况进行分析。其变压器接线运行方式如图 6-14 所示，P_1+jQ_1 为 I 母线负荷、P_2+jQ_2 为 II 母线负荷。

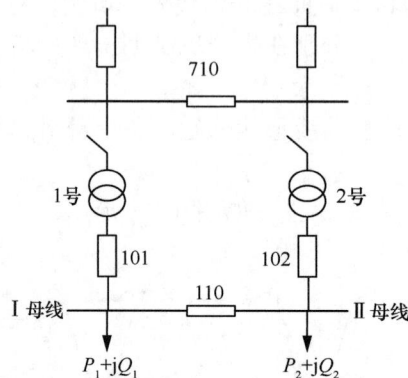

图 6-14 两台双绕组主变压器接线方式示意图

对于图 6-14 所示接线方式，根据变压器损耗计算，通常有以下三种运行方式：

1 号主变压器运行，2 号主变压器备用时，总变压器损耗为

$$\Delta P = P_{01} + \frac{(P_1 + P_2)^2 + (Q_1 + Q_2)^2}{S_{N1}^2} P_{k1} \tag{6-49}$$

2 号主变压器运行，1 号主变压器备用，总变压器损耗为

$$\Delta P = P_{02} + \frac{(P_1 + P_2)^2 + (Q_1 + Q_2)^2}{S_{N2}^2} P_{k2} \tag{6-50}$$

1 号、2 号变压器分列运行，总变压器损耗为

$$\Delta P = P_{01} + P_{02} + \frac{P_1^2 + Q_1^2}{S_{N1}^2} P_{k1} + \frac{P_2^2 + Q_2^2}{S_{N2}^2} P_{k2} \qquad (6-51)$$

两台变压器参数见表 6-4。

表 6-4 变压器参数表

变压器编号	空载损耗/kW	短路损耗/kW	容量/（MV·A）
1 号	26.4	202.81	31.5
2 号	33.79	144.02	31.5

采集该变电所 I、II 母线的日实际负荷曲线分析其损耗，如图 6-15 和图 6-16 所示。

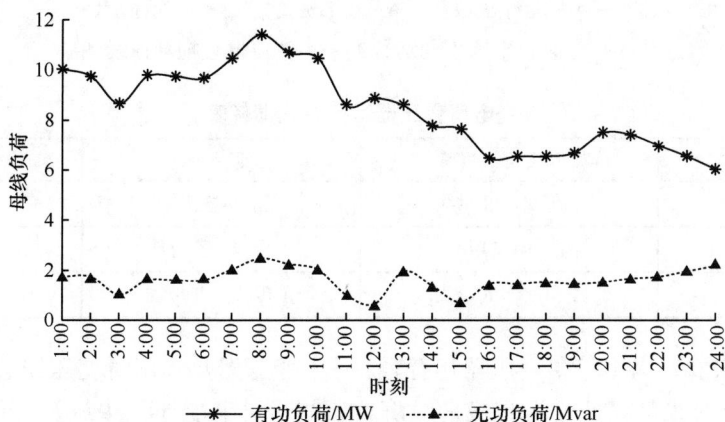

图 6-15 某变电所 I 母线日负荷曲线

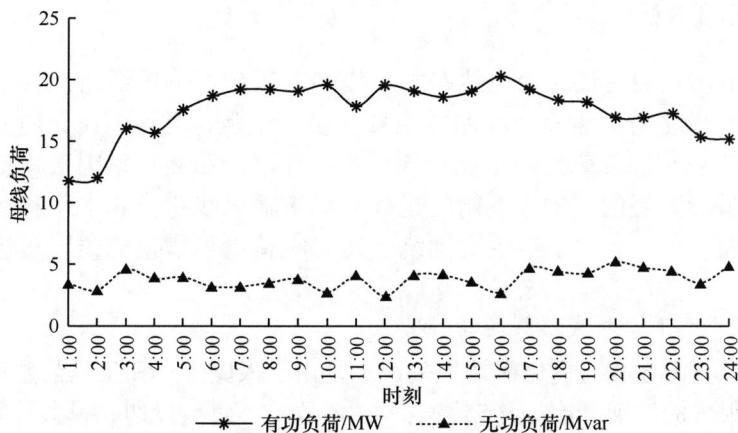

图 6-16 某变电所 II 母线日负荷曲线

某变电所不同运行方式下变压器总损耗曲线如图 6-17 所示。

根据 I、II 两条母线的实时负荷对各种正常运行方式下变压器日损耗情况进行分析，结果见表 6-5。

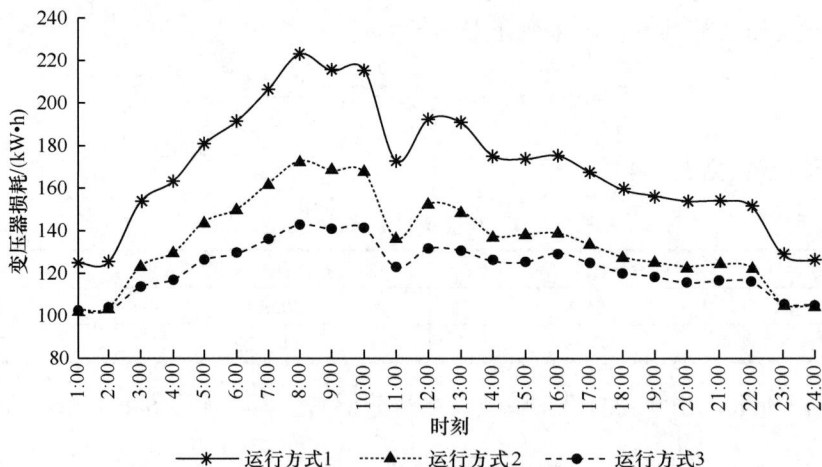

图 6-17　某变电所不同运行方式下变压器总损耗曲线图

表 6-5　　　　　　　　　　　　　　　　某变电所变压器运行方式损耗表

变压器运行方式	1 号变压器负荷	2 号变压器负荷	总损耗/(kW·h)
方式 1	Ⅰ母线，Ⅱ母线	无（热备用）	3662.545
方式 2	无（热备用）	Ⅰ母线，Ⅱ母线	3249.482
方式 3	Ⅰ母线，Ⅱ母线	Ⅰ母线，Ⅱ母线	3121.153

从计算结果来看，当 1 号主变压器运行，2 号主变压器热备用时变压器总损耗最大，而 1 号、2 号并列运行时损耗最低，运行最为经济。典型日可节能 541.392kW·h，年可节约电能超过 19 万 kW·h，对整个电网降损来讲具有重大意义。

6.1.3　输电线路损耗分析

在 6.1.1 节中，我们通过对输电线路损耗模型，得到了输电线路综合损耗公式。影响输电线路综合损耗的主要因素有：线路的负载大小、电阻、运行电压、功率因数以及负荷波动程度等。电阻越小、负荷波动幅度平稳、高运行电压和高功率因数将更有利于线路损耗的降低，达到节能降耗的目的。不同的运行方式下输电线路负载水平和运行电压将有所改变，其损耗也随之变化，本小节主要围绕上述影响输电导线损耗的因素进行损耗特性分析研究。

1. 不同时间尺度下输电线路损耗特性

输电导线损耗与用电负荷变化密切相关，这是由于人民生活和工厂的生产不完全规律，配电网负荷会有很大的波动，比如计划停电、设备故障、负荷投切、设备计划检修等因素。显然，每时每刻，用电负荷都会随着时间、用户使用情况而变化，负荷变化的幅度对输电导线的损耗是非常巨大的。本小节通过采集甘肃某线路不同时间尺度下实时运行数据，对输电导线在日时间尺度下、月时间尺度下、年时间尺度下损耗进行实测分析。

（1）日损耗特性分析。以甘肃省某 10kV 输电线路为研究对象，线路类型为 LGJ.240/50，线路长度 9.88km。选取 2011 年典型量测日（2011 年 9 月 11 日）每 1h 数据见表 6-6。

计算该节线路在 2011 年 9 月 11 日瞬时损耗，计算结果见表 6-7。

表 6-6 　　　　　　　　　　　　　某 10kV 输电线路瞬时测量数据表

测量时刻	有功功率/MW	无功功率/Mvar	电压/kV	测量时间	有功功率/MW	无功功率/Mvar	电压/kV
0:00	0.12	0.13	10.34	12:00	0.24	0.12	10.46
1:00	0.12	0.1	10.38	12:30	0.24	0.1	10.43
2:00	0.12	0.1	10.35	13:00	0.18	0.11	10.38
3:00	0.12	0.1	10.22	13:30	0.13	0.09	10.19
4:00	0.12	0.1	10.3	14:00	0.13	0.11	10.27
5:00	0.12	0.1	9.98	14:30	0.15	0.12	10.05
6:00	0.11	0.1	10.19	15:00	0.14	0.12	10.3
7:00	0.11	0.09	10.25	15:30	0.18	0.17	10.19
8:00	0.12	0.1	10.14	16:00	0.18	0.15	10.39
9:00	0.12	0.1	10.21	16:30	0.13	0.12	10.23
10:00	0.12	0.09	10.34	17:00	0.15	0.13	10.34
11:00	0.14	0.1	10.26	17:30	0.16	0.12	10.13
12:00	0.14	0.09	10.19	18:00	0.17	0.1	10.39
13:00	0.18	0.1	10.13	18:30	0.21	0.15	10.51
14:00	0.21	0.11	10.13	19:00	0.24	0.12	10.47
15:00	0.16	0.1	10.13	19:30	0.27	0.1	10.46
16:00	0.15	0.1	10.31	20:00	0.29	0.12	10.36
17:00	0.14	0.12	10.48	20:30	0.25	0.12	10.22
18:00	0.13	0.11	10.38	21:00	0.2	0.1	10.42
19:00	0.16	0.13	10.42	21:30	0.18	0.1	10.34
20:00	0.18	0.15	10.38	22:00	0.15	0.1	10.28
21:00	0.16	0.14	10.36	22:30	0.13	0.09	10.26
22:00	0.19	0.14	10.38	23:00	0.12	0.09	10.35
23:00	0.25	0.15	10.34	23:45	0.11	0.09	10.36

表 6-7 　　　　　　　　　　　某 10kV 输电线路典型日瞬时损耗数据表

采集时刻	线路瞬时损耗/(kW·h)	采集时刻	线路瞬时损耗/(kW·h)	采集时刻	线路瞬时损耗/(kW·h)
0:00	213.7203	8:00	223.2074	16:00	371.2649
1:00	165.3247	8:30	225.9951	16:30	218.3412
2:00	166.2845	9:00	196.4925	17:00	269.0282
3:00	170.5417	9:30	285.7565	17:30	284.5665
4:00	167.9028	10:00	371.9806	18:00	263.0638
5:00	178.8428	10:30	307.4408	18:30	440.1608
6:00	155.3769	11:00	377.401	19:00	479.4924
7:00	140.3609	11:30	399.4454	19:30	553.1384
8:00	173.2433	12:00	480.4097	20:00	669.9761
9:00	176.0096	12:15	508.2338	20:15	633.6501
10:00	170.876	12:30	453.6498	20:30	537.486
11:00	158.812	12:45	307.5956	20:45	497.3806
12:00	153.6328	13:00	301.5143	21:00	336.1841
13:00	187.6479	13:15	220.2071	21:15	279.7766
14:00	205.2767	13:30	175.7658	21:30	289.5125

采集时刻	线路瞬时损耗/(kW·h)	采集时刻	线路瞬时损耗/(kW·h)	采集时刻	线路瞬时损耗/(kW·h)
15:00	210.5792	13:45	188.0153	21:45	269.2473
16:00	194.7485	14:00	200.7242	22:00	224.5121
17:00	198.2347	14:15	207.9497	22:15	208.9407
18:00	301.6404	14:30	266.7085	22:30	173.3756
19:00	443.2618	14:45	231.7079	22:45	157.57
20:00	399.8159	15:00	233.9629	23:00	153.3361
21:00	319.0823	15:15	427.6139	23:15	153.0402
22:00	253.2641	15:30	430.9776	23:30	139.0015
23:00	233.0471	15:45	326.4654	23:45	137.3961

绘制该输电线路典型日损耗曲线如图 6-18 所示。

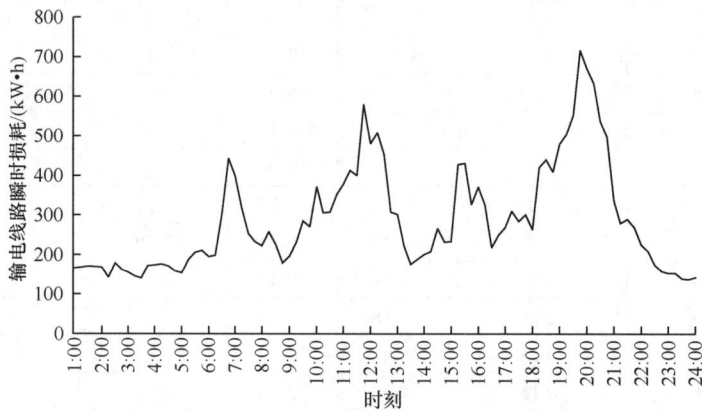

图 6-18　某 10kV 输电线路典型日瞬时损耗曲线

由以上某 10kV 输电线路典型日损耗数据可知：该线路日总损耗为 27 364.397kW·h，日最高损耗 717.010 9kW·h 发生在 19:45，日最低损耗 137.396 1kW·h 发生在 23:45，日损耗有三个高峰，分别发生在 7:00、11:45、19:45，该线路主要给县城居民生活供电，负荷以居民用电为主，损耗的三大高峰期均为人民活动高峰期，各种电子产品用电使得负荷剧增，从而造成损耗剧增。

（2）月损耗特性分析。以该线路 9 月份数据位作为典型月，分析该输电线路 2011 年典型月损耗，计算结果见表 6-8，曲线如图 6-19 所示。

表 6-8　　　　　　　　某 10kV 输电线路典型月统计损耗数据表

日期	日统计损耗/(kW·h)	日期	日统计损耗/(kW·h)	日期	日统计损耗/(kW·h)
1	19 213.3	11	21 219.0	21	24 329.2
2	17 982.2	12	19 221.2	22	23 881.2
3	18 821.2	13	22 122.2	23	25 364.4
4	19 072.1	14	21 000.3	24	23 219.2
5	18 921.2	15	22 342.8	25	22 192.2
6	19 123.2	16	21 117.9	26	24 192.2
7	18 999.0	17	23 123.8	27	23 987.3
8	20 001.2	18	21 234.2	28	21 876.4
9	19 985.9	19	19 892.3	29	23 197.3
10	17 521.1	20	24 012.3	30	24 153.3

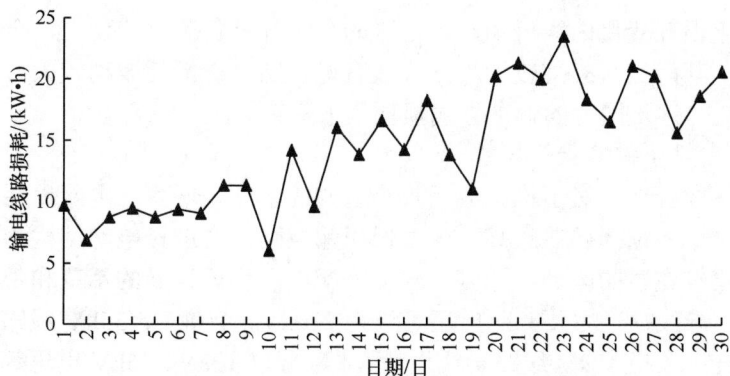

图 6-19 某 10kV 输电线路典型月损耗图

该地区统计年份中一般在 9 月中下旬入暑，进入一年温度最高期。通过图 6-20 可以明显看到在 9 月上旬损耗维持在日 19.5MW·h，且呈上升趋势，下旬气温骤升，进入酷暑期，居民生活用电增加，空调类负荷为主，使得线路进入高负荷期，随着负荷增大，导线损耗也在增大。

（3）年损耗特性分析。为从不同角度对同期典型输电导线损耗进行分析，分别按照图 6-5和图 6-6 所示区域电网年负荷率曲线进行分析，计算其输电导线年损耗并绘制损耗曲线，如图 6-20 和图 6-21 所示。

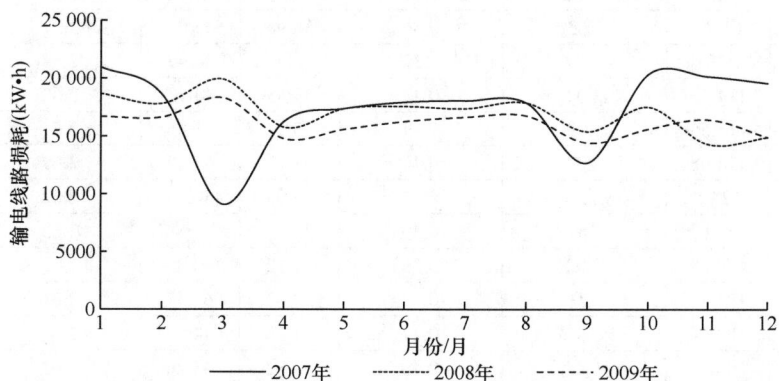

图 6-20 某地区 2007～2009 年输电线路损耗曲线图

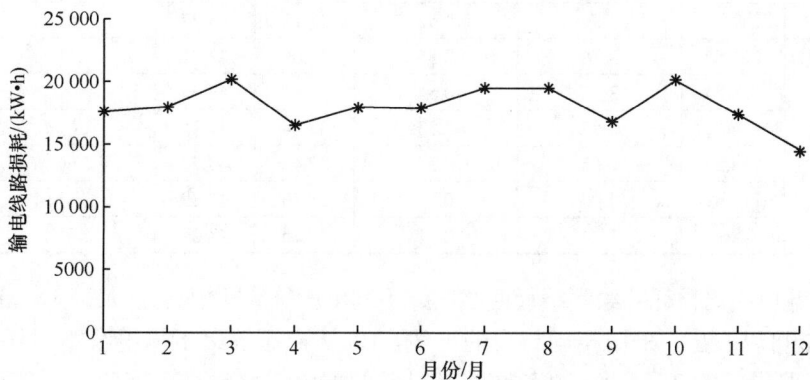

图 6-21 某地区 2012 年输电线路损耗曲线图

91

从输电线路年损耗变化曲线可知，该地区的全年各月负荷比较稳定，全年仅在输电线路检修时进行限电，其间负荷类型较为单一，故有极个别月份损耗波动较大。另外，由于输电线路性能不断优化，逐年同期的输电导线损耗呈下降趋势。

2. 不同配电等级下输电导线损耗

典型区域的选取合理，对于推广应用具有重要的意义。城乡配电网损耗精细化分析与节能技术研究典型区域的选择要兼顾高、中、低压配电网，要选择电网结构相对稳定、电能数据和负荷数据采集较完善的区域，起到统筹城乡配电网协调发展的示范和带头作用。其中，高压输电网的输电导线损耗主要针对电压等级为 220kV、110kV、35kV 线路导线损耗；中压配网输电线路损耗主要指 10kV 线路导线损耗。本部分以 10kV、35kV 电压等级下输送相同功率电能损耗为例来说明电压等级对输电导线损耗影响特性。在 10kV、35kV 电压等级下选取典型线路，线路导线材质长度相同。不同电压等级下输电线路运行数据见表 6-9。

表 6-9　　　　　　　　　　某地区不同电压等级下输电线路运行数据

时刻	10kV				35kV			
	电压/kV	电流/A	有功功率/MW	无功功率/Mvar	电压/kV	电流/A	有功功率/MW	无功功率/Mvar
0:00	10.34	85.25	1.5	0.44	36.98	43.41	2.58	0.69
1:00	10.33	62.58	1.05	0.39	37.00	42.54	2.58	0.69
2:00	10.33	60.11	1.01	0.37	36.95	43.59	2.58	0.69
3:00	10.31	61.34	1.03	0.37	36.98	44.12	2.57	0.69
4:00	10.31	61.87	1.03	0.36	36.98	43.06	2.57	0.69
5:00	10.32	70.31	1.19	0.35	36.83	44.47	2.58	0.70
6:00	10.3	114.26	2.04	0.43	37.65	44.12	2.60	0.70
7:00	10.28	113.55	1.99	0.44	37.12	43.06	2.61	0.70
8:00	10.19	114.08	2.02	0.46	37.17	44.12	2.62	0.71
9:00	10.17	124.8	2.2	0.54	37.05	42.89	2.62	0.72
10:00	10.18	142.03	2.52	0.49	37.28	42.54	2.63	0.72
11:00	10.22	170.68	3.02	0.56	37.12	43.94	2.62	0.71
12:00	10.32	121.11	2.16	0.47	37.63	43.41	2.61	0.71
13:00	10.27	104.94	1.87	0.47	37.17	44.47	2.62	0.71
14:00	10.28	103.71	1.84	0.46	37.32	43.24	2.63	0.73
15:00	10.24	114.26	2.03	0.46	37.25	42.71	2.60	0.72
16:00	10.18	137.28	2.42	0.49	37.23	42.18	2.56	0.69
17:00	10.19	187.38	3.36	0.52	37.13	43.77	2.61	0.70
18:00	10.22	212.52	3.76	0.55	37.09	42.71	2.61	0.70
19:00	10.3	178.24	3.22	0.54	37.42	43.06	2.61	0.70
20:00	10.35	164.71	2.95	0.53	37.44	43.24	2.61	0.70
21:00	10.33	148.53	2.68	0.55	37.45	43.77	2.66	0.74
22:00	10.34	114.61	2.05	0.51	37.33	42.89	2.61	0.70
23:00	10.35	66.62	1.14	0.41	37.25	43.24	2.61	0.71

分别计算输电线路损耗并绘制损耗曲线图，不同电压等级输电线路导线损耗如图 6-22 所示。

从图 6-22 可以看出，采用相同材质的导线，10kV 电压等级下输电线路损耗是 35kV 电压等级下输电线路损耗的 2～3 倍。究其原因是目前的配电线路已经不能完全适应现代社会的负荷增长和电力供应，采用 35kV 电压等级对现有 10kV 中压配电网进行改造，这是当前造价最低效益最好的一种方式。

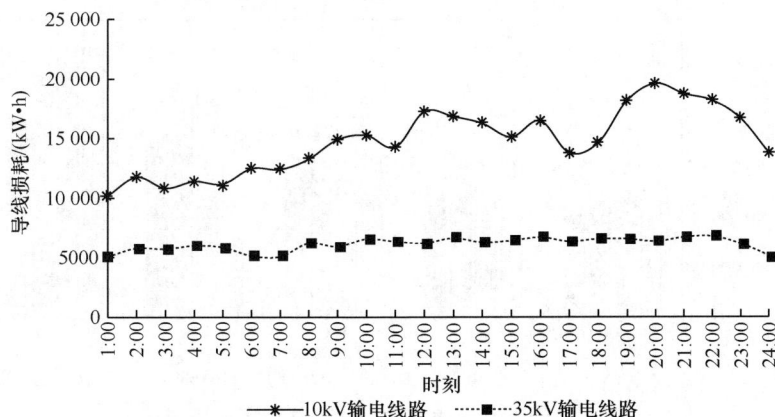

图 6-22　不同电压等级输电线路导线损耗图

3. 不同截面下输电导线损耗特性

本部分针对不同导线截面在不同输电距离下的功率线损率和电能线损率进行计算，说明选取不同导线截面时对于线路损耗的影响。需要特别说明的是，下列计算中使用的损耗率仅考虑线损率，并未涉及换流站损耗。这是由于换流站损耗率通常取为固定值，在计算比较不同导线截面的损耗情况时不考虑换流站损耗，不会影响最终结论。针对 500kV 电压等级选取了 $4 \times 720mm^2$、$6 \times 500mm^2$、$4 \times 800mm^2$ 和 $6 \times 630mm^2$ 4 种导线进行计算比较。输电线路最大负荷利用小时数取 5800h，根据统计数据取导线损耗小时数 4000h，则以上不同导线截面的损耗情况见表 6-10。

表 6-10　　　　　　　　　　　　　某±500kV 不同导线截面的年损耗电量

导线截面/mm²	计算项目	输送距离/km				
		500	600	800	900	1000
4×720	输送功率损耗率（%）	2.99	3.59	4.78	5.38	5.98
	输送电能损耗率（%）	2.06	2.47	3.3	3.71	4.12
	年损耗电量/（万 kW·h）	54 155	64 986	86 648	97 479	108 310
6×500	输送功率损耗率（%）	2.87	3.44	4.59	5.16	5.74
	输送电能损耗率（%）	1.98	2.37	3.17	3.56	3.96
	年损耗电量/（万 kW·h）	51 989	62 386	83 182	93 580	103 977
4×800	输送功率损耗率（%）	2.69	3.23	4.3	4.84	5.38
	输送电能损耗率（%）	1.85	2.23	2.97	3.34	3.71
	年损耗电量/（万 kW·h）	48 739	58 487	77 983	87 731	97 479
6×630	输送功率损耗率（%）	2.28	2.73	3.64	4.1	4.55
	输送电能损耗率（%）	1.57	1.88	2.51	2.83	3.14
	年损耗电量/（万 kW·h）	41 261	49 513	66 017	74 270	82 522

不同导线在不同输电距离下损耗对比柱状图如图 6-23 所示。

由图 6-23 可见，随着输电距离的增加，导线的线损率逐渐上升。同时，随着导线截面的增加，线路损耗降低较为明显。当输电距离为 1000km 时，采用 $6 \times 630mm^2$ 导线比采用

$4 \times 720\text{mm}^2$ 导线每年可以节省的年损耗电量达到约 2.58 亿 kW·h。

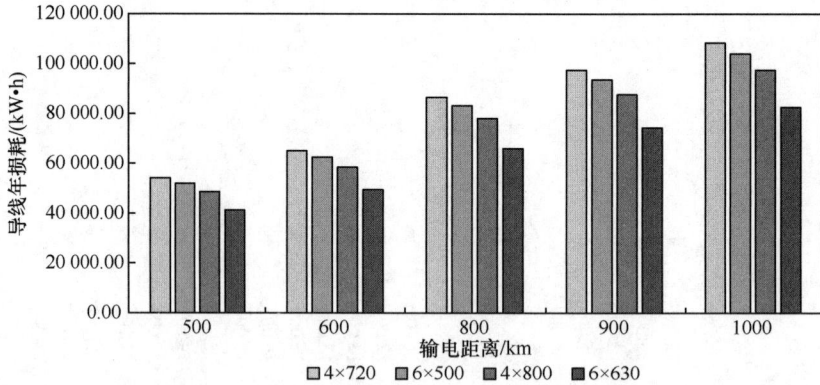

图 6-23　不同导线截面不同输电距离损耗图

此外，当最大负荷利用小时数变化时，对于输电线路的损耗也有影响。图 6-24 为最大负荷利用小时数分别上升至 5800、6000 和 6300 时的输电导线年损耗电量结果。

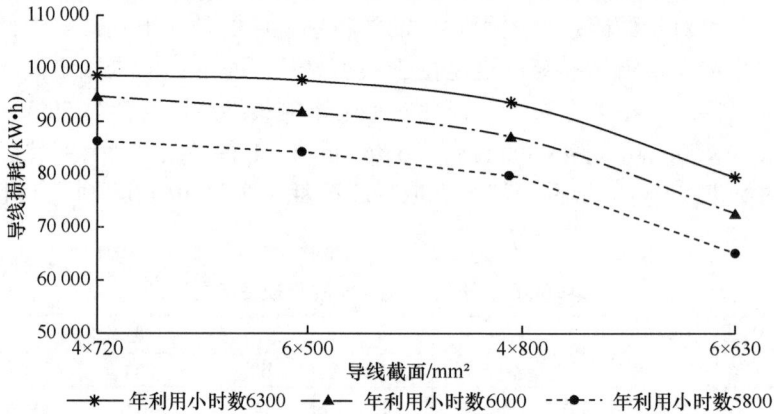

图 6-24　不同导线截面不同利用时间下年损耗图

由图 6-24 可见，当年最大负荷利用小时数上升时，直流输电线路上的损耗明显增加，较大截面导线的降损优势比利用小时数较低时更加突出。

6.1.4　电网典型设备降损方法

1．降低设备损耗的技术措施

降低电网设备损耗的技术措施主要包括：减少输配电层次，提高输电电压等级和配电设备健康水平；合理调整输配电变压器台数、容量，达到经济运行；准确确定负荷中心，调整线路布局，减少或避免超供电半径供电现象；按经济电流密度选择供电线路线径；提高负荷的功率因数，尽量实现无功就地平衡；合理调度，及时掌握有功和无功负荷潮流，做到经济运行。

（1）提高用电负荷率对设备损耗的影响。电网负荷电流波动幅度越大，设备损耗增加越多。当输电线路在一段时间内负荷较大，而在另一段时间内负荷较小，甚至没有负荷时，设备损耗将成倍地增加。因此，合理调整用电负荷，努力提高用电负荷率，加强负荷管理，实现均衡用电是降低设备损耗的有效措施。

（2）平衡配电变压器的三相负荷。在低压配电网中，若三相负荷平衡，则每相电流相等，中性线的电流为零，线路中性线损耗为零，若三相负荷不平衡，则中性线电流不为零，中性线电流越大，产生的损耗越大。因此，配电变压器三相不平衡负荷越大，产生的损耗越大，平衡配电变压器的三相负荷是降低损耗的有效措施。

（3）增加无功补偿的方式降低设备损耗。流经供电线路的电流包括有功分量和无功分量两部分。当电网增加无功补偿装置后，电网输送的无功电流减少，无功损耗降低，线路的功率损耗减少。加装无功补偿设备的效益主要体现在无功补偿设备安装位置以上各环节的损耗减少。

（4）对电网进行升压改造。为简化系统的电压等级，淘汰非标准电压，提高供电能力，减少供电环节和变电容量，降低设备损耗，应尽量采用高压供电方式，改造低电的供电设施。由 6.1.3 节可知，在负荷功率不变的情况下，将电网的电压提高，则通过电网设备元件的电流相应减少，功率损耗也相应随之降低。因此在允许范围内适当提高运行电压，既可改善电能质量，又可降低损耗，收到良好的经济效果，升高电压是降低电网设备损耗的有效措施。

对于运行在一定电压下的线路，电压在额定数值上下允许一定的波动范围。配电线路电压允许波动范围为标准电压的±7%，低压线路电压允许波动范围为标准电压的±10%。线路电压运行在上限或下限，线路的电能损失是不同的，电压高则损失低，反之损失高。例如，10kV 配电线路上限电压为 10.7kV，下限电压为 9.3kV，输送同样的功率，用上限电压供电比用下限电压供电减少线路电能损失 24%；0.4kV 线路用上限电压供电比用下限电压供电减少电能损失 33%。提高配电线路供电电压会增加配电变压器的铁损。因变压器空载损耗与所加电压的平方成正比，有时提高电压会使综合损失增加，所以要线损、变损综合考虑。线路负荷高峰期应提高电压，低谷时不易提高电压；变压器空载损失功率大于线路损失功率时不易提高电压，应适当降压。低压线路提高供电电压也会增加机械电能表电压线圈的电能损失，但一般来说线路损失大于电能表线圈损失，故提高低压线路电压是减少低压线损的一个有效措施。

升压改造降损的具体措施包括：逐步淘汰 3kV、6kV 供电电压，改用 10kV 供电电压；对 35kV 变电站（所）进行升压改造，改造为 110kV 变电站；对负荷集中的区域或城市引入 110kV 电源供电；推广应用 110kV 电压直接变为 10kV 电压供电方式，减少 35kV 供电方式等。电网升压后负载损耗降低的百分率见表 6-11。

表 6-11　　　　　　　　　　　电网升压后负载损耗降低的百分数

升压前额定电压/kV	升压后额定电压/kV	升压改造后负载损耗降低率（%）
220	330	55.6
110	220	75
63	110	67.2
35	63	89.9
22	35	60.5
10	35	91.8
6	10	64
3	10	91

2. 降低设备损耗的建设性措施

降低设备损耗的建设性措施包括简化电网结构，增强电网结构的合理性。主要是指减少电网的中间环节，建设高电压电网，并且将高电压电网引入城镇市区或工业负荷中心；对电网进行升压改造，减少变电容量；增加并联运行线路；更换并增大线路的导线截面；改进不正确的接线方式，包括迂回供电、"卡脖子"线路、配电变压器不在负荷中心，对低压区进行改造等；增设无功补偿装置；采用低损耗和有载调压变压器，逐步更新高损耗变压器等。

（1）改造迂回供电线路。由于线路走径迂回曲折造成供电半径超过经济合理的长度时，线路的电阻增大，损耗增加。因此，应采用去弯取直的办法进行改造。首先，电源应设在负荷中心，线路由电源向周围辐射，低压用电要尽量使配电变压器安装在负荷的中心位置。其次可缩短供电半径，避免近电远供和迂回供电。10kV 线路供电半径不应大于 15km；0.4kV 线路供电半径不应大于 0.5km。

（2）合理选择导线截面。由于增加导线截面会降低导线电阻，减少电能损耗和线路压降，故导线截面与电能损耗成反比关系，但增大导线截面的同时也会增加线路投资及维修管理费用，因而在选择导线截面时，要综合考虑投入与降损的关系，架空线路导线截面应根据我国现行的经济电流密度选择。一般线路中电能损失大部分集中在主干线部分，在主干线中又集中在线路首端到末端，可从主干线到分支线按由大到小的顺序选择阶梯型导线截面，同时要考虑今后的发展和电压降的要求。10kV 配电线路导线截面：主干线不宜小于 70mm^2，支干线不宜小于 50mm^2，分支线不宜小于 35mm^2；0.4kV 低压主干线按最大工作电流选取导线截面，但不应小于 35mm^2，分支线不应小于 25mm^2，禁止使用单股、破股线和铁线。

（3）合理选择变压器型号。变压器制造水平的提高为降损提供了条件。和老旧变压器相比，新型变压器的损耗大大降低，更换老旧变压器成为降低设备损耗的重要措施之一，见表 6-12。

表 6-12　　　　　　　　　　换老旧变压器损耗降低表

容量/(kV·A)	SL（老旧）		S9（新型）		降低总损耗/(kV·A)
	空载损耗/(kV·A)	短路损耗/(kV·A)	空载损耗/(kV·A)	短路损耗/(kV·A)	
100	0.54	2.10	0.29	1.5	0.86
200	0.90	3.60	0.48	2.6	1.42
630	2.16	9.20	1.2	6.2	4.06
1000	3.80	16.2	1.95	12	6.05

（4）电网设备的合理规划。合理规划电网是降低设备损耗的主要手段，主要规划的内容有：变电站位置、变电站数目及其主变容量与参数和高压线路深入负荷等。规划的原则是小容量、多布点，在确保系统安全和最经济的条件下，尽量缩短供电半径。合理规划的做法和要求是增设新变电站或将变电站移至负荷中心；改造迂回供电线路和供电半径超过标准的线路；改造导线较细的"卡脖子"线路。

（5）电网设备经济合理的运行方式。当电网为环形时，为降低设备损耗，还需要先确定环网运行方式，即闭环运行还是开环运行。在提高供电可靠性方面，应采用闭环运行方式；在降低设备损耗的方面，对均一配电网，采用闭环运行比较经济；而对非均一配电网，采用开环运行比较经济；对城市电网，应选择出最优解列点，采用开环运行比较经济。

当前配电网存在着互联互供的线路非常多，对配电线路合理分段、合理互联互供也是配电网降损节能的重要方面。一方面要合理分配每条配电线路负荷，使得配电线路按照供电能力均衡承担负荷，常运行方式保持最佳经济运行状态；另一方面要考虑故障状态或变电站设备检修限负荷状态下，配电线路最佳的互联互带方式，做到非常运行方式时所供负荷不超过配电线路的承载能力，同时可运行在合理的运行状态。

3. 降低设备损耗的运行措施

降低设备损耗的运行措施包括：确定最经济的电网接线方式；提高电网的运行电压；确定电网经济合理的运行方式；合理调整用电负荷，提高负荷率；平衡三相用电负荷；开展变压器经济运行；在低负荷时停用变压器；合理配置并联电容器，减少系统无功功率输送；合理安排设备检修，开展带电作业。

（1）合理安排设备检修，实行带电检修。电网正常运行时的接线方式一般是比较安全和经济的接线方式，如果遇到设备的检修，会改变原来的运行方式，这样不但会降低运行的可靠性，还会造成电网的损耗增加。因此，遇到设备检修时，应尽量安排设备的带电检修，保持原来的经济运行方式。

（2）合理调整电网的运行电压。由计算公式

$$\Delta P = \frac{S^2}{U^2} R \times 10^{-3} \qquad (6\text{-}52)$$

可知，电力网输、配电设备的有功损耗与运行电压的二次方成反比，合理地调整运行电压可以达到降低设备损耗的目的。

合理调整运行电压的方法是通过调整发电机端电压和变压器分接头，在母线上投切电容器及调相机调压等手段来调整运行电压。具体措施有：改变发电机端电压进行调压利用发电机的 $P\text{-}Q$ 曲线调压；利用发电机进相运行调压；利用变压器分接头进行调压；利用无功补偿进行调压；利用串联电容器进行调压；利用并联电容器进行调压；利用调相机调压；利用并联电抗器调压。

（1）当电网的短路损耗与空载损耗的比值 C 大于表 6-13 的数值时，提高运行电压有降损节能的效果。

表 6-13　　　　　　　　　　　　提高运行电压降损判别

提高电压百分比（%）	1	2	3	4	5
比值 C	1.02	1.04	1.061	1.082	1.1

（2）当电网的短路损耗与空载损耗的比值 C 小于表 6-14 的数值时，降低运行电压有降损节能的效果。

表 6-14　　　　　　　　　　　　降低运行电压降损判别

降低电压百分比（%）	1	2	3	4	5
比值 C	0.98	0.96	0.941	0.922	0.903

（3）增加并联线路。增加并联线路，可直接降低线路的总电阻，从而在输送负荷不变的条件下降低电能损耗。增加等截面、等距离线路，总电阻为并联线损回路数 N 分之一，降损电能计算见式（6-53）。

$$\Delta(\Delta A) = \Delta A\left(1 - \frac{1}{N}\right) \qquad (6-53)$$

（4）提高电网运行功率因数。电力网的功率因数降低，使感性电流分量增大，感性电流通过线路电阻和变压器线圈电阻时，将产生电能损耗。功率因数降低，还使线路的电压损失增加，结果在负载端的电压下降，有时甚至低于允许值，会严重影响电动机及其他用电设备的正常运行，特别在用电高峰季节，功率因数太低，会出现大面积的电压偏低，这给工农业生产带来很大的损失。功率因数下降与损耗增加的关系见表 6-15，$\cos\varphi$ 为功率因数，ΔP 为损耗增加。

表 6-15　　　　　　　　　　　　功率因数下降与损耗增加的关系

$\cos\varphi$	0.95	0.90	0.85	0.80	0.75	0.70	0.65	0.60
ΔP (%)	11	23	38	56	78	104	136	178

由此可见，电力系统的功率因数高低与损耗密切相关，必须设法提高电力网中各个组成部分的功率因数，以充分利用发变电设备的容量，增加其发输电能力，减少供电线路中的有功功率和电能损耗，并降低线路中的电压损失与电压波动，以达到节约电能和提高供电质量的目的。国家电网有限公司规定：农村生活和农业线路功率因数不小于 0.85；工业、农副业专用线路功率因数不小于 0.90。提高功率因数的途径主要有：

（1）提高自然功率因数。合理选择和使用电气设备，降低各变电、用电设备本身所吸收的无功功率，即提高自然功率因数，是改善功率因数的基本措施。因为电动机、变压器等是感性负荷时吸收无功功率最多的用电设备，选用的容量越大，吸收无功功率越大。如果这些设备经常处于空载或轻载运行，即所谓"大马拉小车"，功率因数和设备效率都会降低，这是不经济的。因此，变压器和电动机的实际负荷率在 75%左右时比较经济。

（2）人工补偿提高功率因数。采用无功补偿设备补偿用电设备所需的无功功率，提高功率因数，即人工无功补偿方法。无功补偿设备有移相电容器、同步电动机和同步调相机。电容器补偿因有功损耗小、安装维护方便、投资少的特点而被广泛采用。无功补偿可采用电容分散补偿和集中补偿相结合，高压补偿和低压补偿相结合的方法，就地进行无功补偿。

6.2　信息缺失下的变压器设备选型

本实例结合甘肃多个县市 110kV 配电网变压器的运行现状，通过收集 110kV 变压器基础技术参数、运行过程中的年故障次数等作为参数，对建立的 110kV 全寿命周期成本模型进行成本量化估算，开展 110kV 变压器设备全寿命管理工作。在 LCEC 模型能耗估算的过程中，综合分析不同设备生产厂家对 110kV 变压器的设计寿命与平均使用寿命的现状，查阅相关文献，假设 110kV 压器设计寿命为 30 年，电力市场平均电价水平为 0.50 元/（kW·h）。下文以甘肃省某配电站中 110kV 三相变压器选型决策为例，分别给出三种不同建设方案，方案 A、方案 B、方案 C 变压器的基本技术参数见表 6-16。

表 6-16　　　　　　　　　　　　　**110kV 三相变压器基本参数**

变压器参数	方案 A	方案 B	方案 C
电压等级/kV	110	110	110
设备相别	三相	三相	三相
型号名称	SFPSZ10-63000/110	SFSZ9-63000/110	SSZ10-63000/110
厂家类型	合资	合资	国产
空载电流（%）	0.84	0.84	0.91
空载损耗/kW	58	60	55
高压容量/(MV·A)	63	63	63
中压容量/(MV·A)	63	63	63
低压容量/(MV·A)	63	63	63
冷却方式	风冷自然循环	风冷自然循环	油浸自冷式
联结组别	11	11	11
短路损耗/kW	270	255	271
主变压器容量/(MV·A)	63	63	63
调压方式	有载调压	有载调压	有载调压
投运年	2008 年	2008 年	2008 年

6.2.1　变压器初始投资能耗比较

依据本章建立的投资能耗模型，对甘肃省某供电公司提供的 110kV 配电变压器的基本参数，资产原值、容量、运行时间、制造单位、空载电流，空载损耗，短路损耗各个变量数据。应数据提供单位要求，只列出部分数据，见表 6-17。

表 6-17　　　　　　　　　　　　**部分 110kV 变压器基本技术参数**

容量/(MV·A)	运行时间/年	制造单位	资产原值/万元	空载电流/A	空载损耗/kW	短路损耗/kW
63	3	3	1778.576 006	0.84	58.88	270
63	3	3	1713.617 323	0.5	61.6	270
63	12	1	725.195 782	0.63	56.8	234
63	3	2	1337.228 789	0.4	52	234
63	1	1	1240.12	0.5	56.8	222.3
63	3	2	1093.341 341	0.5	52	222.3
40	4	3	1002.845 962	0.91	41.48	189
…	…	…	…	…	…	…
40	12	1	1043.988 607	0.55	43.6	189
40	4	2	1778.576 006	0.7	40.4	156.6
40	1	1	1240.12	0.090	36.8	156.6
40	12	1	762.264 487	0.5	40.4	149
40	5	1	265.261 418	0.55	36.8	149

其中，制造单位的含义为：

$$制造单位=\begin{cases}1\mapsto 进口设备\\2\mapsto 合资设备\\3\mapsto 国产设备\end{cases}\qquad(6\text{-}54)$$

使用统计学分析软件 SPSS 的逐步回归，取显著性水平 $\alpha=0.05$，由样本数据组总数及变量数可得选入临界值 $F=4.45$，剔除临界值 $F=4.41$。得出变量 x_1、x_5、x_6，即变压器的容量、空载损耗及短路损耗对于其初始投资能耗有相关性，因此建立 y（资产原值）与 x_1、x_5、x_6 之间的多元回归方程，方程式如下

$$y = -24.915x_1 + 14.314x_2 + 8.248x_3 + 81 \tag{6-55}$$

结合所得到的初始投资能耗模型及 110kV 变压器基础技术参数表，分析 110kV 变压器的运行现状，估算出三种方案变压器的初始投资能耗见表 6-18。

表 6-18   三种方案的初始投资能耗分析

变压器	方案 A	方案 B	方案 C
高压容量/(MV·A)	63	63	63
空载损耗/kW	58	60	55
短路损耗/kW	270	255	271
初始投资能耗/万元	1568.456	1473.368	1533.762
比较	A > C > B		

6.2.2 变压器运行能耗比较

目前变压器普遍存在两种检修方式。依据所提及的灰色关联分析理论，分别对 110kV 变压器的状态检修和定期检修两种检修方式的运行成本模型进行基于灰色关联度分析建模。由调研收资可知，110kV 变压器的状态检修和定期检修的检修时间间隔见表 6-19。

表 6-19   110kV 变压器状态检修和定期检修的检修时间间隔

检修次数	1	2	3	4	5	6	7
定期检修/h	8929	35 081	61 488	87 736	114 046	140 302	166 501
状态检修/h	39 448	79 024	118 265	157 737	188 217	236 709	266 146

求取各分布函数的分布概率及关联度，其中，F_1 表示威布尔分布的分布概率，F_2 表示正态分布的分布概率，F_3 表示对数正态分布的分布概率，F_4 表示指数分布的分布概率，依次由分布概率可求取与经验分布函数的分布概率 F_0 的绝对偏差，其分布概率、绝对偏差及关联分析结果见表 6-20。

表 6-20   状态检修关联度分析结果

i	1	2	3	4	5	6	7
$F_0(k)$	0.0947	0.2286	0.3659	0.5000	0.6352	0.7803	0.9064
$F_1(k)$	0.0625	0.2039	0.3787	0.5511	0.6992	0.8128	0.8912
$F_2(k)$	0.0442	0.1373	0.2856	0.4772	0.6693	0.8188	0.9106
$F_3(k)$	0.0274	0.2045	0.4245	0.6044	0.7316	0.8172	0.8745
$F_4(k)$	0.2211	0.3941	0.5275	0.6321	0.7134	0.7760	0.8264
$\Delta_1(k)$	0.0321	0.0261	0.0127	0.0511	0.0640	0.0426	0.0144
$\Delta_2(k)$	0.0504	0.0935	0.0795	0.0228	0.0332	0.0486	0.0052
$\Delta_3(k)$	0.0673	0.0252	0.0601	0.1046	0.0962	0.0472	0.0307
$\Delta_4(k)$	0.1267	0.1644	0.1627	0.1320	0.0783	0.0068	0.0791
ξ_1	0.7633	0.8073	0.9187	0.6553	0.5973	0.7004	0.9048

i	1	2	3	4	5	6	7
ξ_2	0.6574	0.4972	0.5403	0.8304	0.7571	0.6680	1.0000
ξ_3	0.5843	0.8133	0.6137	0.4675	0.4895	0.6751	0.7732
ξ_4	0.4181	0.3542	0.3567	0.4074	0.5445	0.9827	0.5412

求取第 k 点的 F_i 序列对于分布经验函数 F_0 序列的关联程度，即 $\gamma_1(F_0, F_1)$ =0.7568，$\gamma_2(F_0, F_2)$ =0.7182，$\gamma_3(F_0, F_3)$ =0.6309，$\gamma_4(F_0, F_4)$ = 0.5899。

由分析结果可知，110kV 变压器的状态检修的样本信息的近似中位秩的分布函数曲线与所假设的威布尔分布函数曲线最接近，关联程度最优，其次为正态分布、对数正态分布、指数分布，因而选取威布尔分布作为 110kV 变压器在状态检修方式下的最优分布曲线。

则 110kV 变压器在状态检修方式下的运行能耗模型为

$$M_c(t) = M_{2c} \times \left[1 - e^{-\left(\frac{t}{21.15}\right)^{1.69}} \right] \tag{6-56}$$

同理可知，110kV 变压器在定期检修方式下的运行能耗费用模型，分析过程如上，定期检修关联度分析结果见表 6-21。

表 6-21　定期检修关联度分析结果表

i	1	2	3	4	5	6	7
$F_0(k)$	0.0674	0.1634	0.2597	0.3558	0.4519	0.5481	0.6442
$F_1(k)$	0.0238	0.1426	0.2798	0.4120	0.5309	0.6327	0.7170
$F_2(k)$	0.0127	0.0654	0.1463	0.2548	0.3852	0.5233	0.6531
$F_3(k)$	0.0078	0.1578	0.3358	0.4775	0.5849	0.6659	0.7276
$F_4(k)$	0.0675	0.2413	0.3834	0.4985	0.5924	0.6685	0.7302
$\Delta_1(k)$	0.0435	0.0208	0.0204	0.0562	0.0790	0.0846	0.0728
$\Delta_2(k)$	0.0548	0.0983	0.1135	0.1009	0.0667	0.0247	0.0089
$\Delta_3(k)$	0.0597	0.0057	0.0764	0.1218	0.1330	0.1178	0.0833
$\Delta_4(k)$	0.0006	0.0778	0.1238	0.1427	0.1403	0.1203	0.0859
ξ_1	0.6264	0.7791	0.7845	0.5636	0.4783	0.4609	0.4987
ξ_2	0.5704	0.4235	0.3891	0.4172	0.5206	0.7480	0.8956
ξ_3	0.5495	0.9341	0.4869	0.3722	0.3518	0.3801	0.4648
ξ_4	1.0000	0.4824	0.3683	0.3355	0.3394	0.3755	0.4573

求取第 k 点的 F_i 序列对于分布经验函数 F_0 序列的关联程度，即 $\gamma_1(F_0, F_1)$ = 0.6364，$\gamma_2(F_0, F_2)$ =0.6343，$\gamma_3(F_0, F_3)$ = 0.5429，$\gamma_4(F_0, F_4)$ =0.5328。由分析结果可知，变压器的定期检修的样本信息的近似中位秩的分布函数曲线与所假设的威布尔分布函数曲线最接近，关联程度最优，其次为正态分布、对数正态分布、指数分布，因而选取威布尔分布作为变压器在定期检修方式下的最优分布曲线为

$$M_c(t) = M_{1c} \times \left[1 - e^{-\left(\frac{t}{15.88}\right)^{1.41}} \right] \tag{6-57}$$

目前变压器存在两种不同的检修方式：定期检修和状态检修，考虑到不同的检修方式下

设备在全寿命周期内的运行能耗的不同，将式（6-56）和式（6-57）合并为式（6-58）所示

$$M_{c}(t) = \begin{cases} M_{1c} \times \left[1 - e^{-\left(\frac{t}{15.88}\right)^{1.41}} \right] \\ M_{2c} \times \left[1 - e^{-\left(\frac{t}{21.15}\right)^{1.69}} \right] \end{cases} \qquad (6\text{-}58)$$

式中：M_{1c} 为变压器在定期检修方式下的初期运行费用；M_{2c} 为变压器在状态检修方式下的初期运行费用。

结合实际变电站主变的调研收资结果，综合考虑变压器的运行现状，得到三种方案变压器在运行过程中所对应的成本估算结果见表 6-22。

表 6-22 变压器运行能耗比较结果

变压器	方案 A	方案 B	方案 C
运行能耗/万元	746.82	921.5	840.6
比较	B > C > A		

6.2.3 变压器故障能耗比较

根据建立的故障能耗模型，引入灰色系统理论预测求取变压器年平均故障数。表 6-23 统计出方案 A 型变压器在 2008 年投运至今的年平均故障次数，结合灰色系统理论预测出方案 A 型变压器在寿命周期 30 年间的总故障次数。

表 6-23 方案 A 变压器年故障数据统计结果

运行年限	年平均故障次数	运行年限	年平均故障次数
1	0.015	6	0.016 589
2	0.0137	7	0.0186
3	0.012 94	8	0.019 231
4	0.011 865	9	0.029 63
5	0.011		

三相变压器的故障成本估算结果见表 6-24。

表 6-24 三相变压器故障成本估算结果

变压器	方案 A	方案 B	方案 C
平均售电价格/［元/(kW·h)］	0.5	0.5	0.5
故障持续时间 T/［h/(台·年)］	0.098	0.790	0.450
年平均故障数 λ	0.765	0.589	0.632
电量损失成本 $\alpha \cdot W \cdot T$	62.89	59.30	58.60
故障修复成本 $\lambda \cdot RC \cdot MTTR$	22.1	24.7	19.6
赔偿费用	PC	0	0
故障费用/万元	84.99	84.00	78.20
比较	A > B > C		

6.2.4　变压器退役能耗比较

根据建立的变压器退役能耗模型，三种方案变压器的报废成本估算结果见表 6-25。

表 6-25　　　　　　　　　　　三相变压器报废成本估算表

变压器	方案 A	方案 B	方案 C
费用系数 ρ	0.15	0.15	0.15
初始投资能耗/万元	1568.456	1473.368	1533.762
设计寿命/年	30	30	30
退役能耗/万元	−235.268	−221.005	−230.064
比较	B ＞ C ＞ A		

6.2.5　变压器 LCEC 能耗比较

根据以上各阶段成本的估算结果，得出三种方案变压器的全寿命周期成本估算结果见表 6-26。

表 6-26　　　　　　　　　　　变压器 LCEC 估算表　　　　　　　　（单位：万元）

变压器能耗	方案 A	方案 B	方案 C
初始投资能耗	1568.456	1473.368	1533.762
运行能耗	746.82	921.50	840.60
故障能耗	84.99	84.00	78.20
退役能耗	−235.268	−221.005	−230.064
LCEC	2164.998	2257.863	2222.498
比较	B ＞ C ＞ A		

三相变压器选型比较中，方案 A 型变压器的全寿命周期能耗估算为 2164.998 万元，比方案 B 型变压器节省费用 92.865 万元，比方案 C 型变压器节省费用 57.5 万元，可见从经济角度选择变压器，方案 A 应优先考虑。结合实际变压器运行情况，该选型结果与工程实践相符，故模型可行性较高。

6.3　信息完备下的变压器方案优化

某工程需要对 110kV 变压器进行选型，目前有两种备选方案。首先对每种方案的各项成本和损耗分别进行计算，然后用本书提出的成本损耗总效应法进行方案比选，找到综合考虑成本和节能因素后的最优方案。

6.3.1　初始投资能耗计算

变压器初始投资能耗主要包括设备购置费、土地购置费。计算所需参数见表 6-27。

（1）设备购置费（单台采购费×台数）。

方案一：1050×3 万元=3150 万元。

方案二：790×4 万元=3160 万元。

表 6-27   **计算所需参数表**

基本参数	方案一	方案二
变压器容/(MV·A)	60	45
所需台数/台	3	4
采购费/(万元/台)	1050	790
土地购置费/万元	2940.30	3016.73

（2）土地购置费（土地平均单价×占地面积）。

方案一：2940.3 万元。

方案二：3016.73 万元。

（3）国家节能补贴。

此实例中，国家节能补贴为 0 元。

初始投资能耗的计算结果见表 6-28。

表 6-28   **初始投资能耗计算结果**   （单位：万元）

基本参数	方案一	方案二
设备购置费	3150	3160
土地购置费	2940.30	3016.73
国家节能补贴	0	0
ECI	6090.30	6176.73

6.3.2 运行能耗计算

运行能耗包括损耗费和日常巡视费。损耗费包括空载损耗和负载损耗，日常巡视费由巡视人员工资和巡视所需设备费、材料费组成。计算运行能耗所需参数见表 6-29。

表 6-29   **计算运行能耗所需参数**

基本参数	方案一	方案二
平均工资/（万元/年）	12	12
运行人员数/个	18	18
巡视所需设备、材料费/（万元/年）	3	3
空载损耗/kW	420	440
空载运行时间/（h/年）	8760	8760
负载损耗/kW	2280	2360
负荷率	随时间变化	随时间变化
平均电价/[元/(kW·h)]	0.680 73	0.680 73

（1）年损耗费。

电量损耗计算公式为

$$\Delta W = p_0 T + \lim_{n \to \infty} \sum_{i=1}^{n} K_{\mathrm{T}} \beta_i^2 p_k \qquad (6\text{-}59)$$

方案一： $\Delta W = (3\ 679\ 200 + 6\ 515\ 890.15)\mathrm{kW \cdot h} = 10\ 195\ 090.15\mathrm{kW \cdot h}$ ；

损耗费=(10 195 090.15×0.680 73×10⁻⁴)万元=693.27 万元。

方案二：$\Delta W = (3\ 854\ 400 + 7\ 587\ 203.24)\text{kW·h} = 11\ 441\ 603.24\text{kW·h}$；

损耗费=11 441 601.24×0.680 73×10⁻⁴万元=778.03 万元。

（2）年日常巡视费。

$$日常巡视费=运行人员工资+设备材料费 \tag{6-60}$$

方案一：（12×18+3）万元=219 万元。

方案二：（12×18+3）万元=219 万元。

运行能耗计算结果见表 6-30。

表 6-30　　　　　　　　　　　　　**运行能耗计算结果**　　　　　　　　　　　（单位：万元/年）

基本参数	方案一	方案二
损耗费	693.27	778.03
日常巡视费	219	219
ECO	912.27	997.03

6.3.3　维护能耗计算

目前的检修，已经不再使用大修、小修的模式了，而是预防性试验、保护性检查相结合的方式。主变压器试验项目较多，主要有油色谱、绕组直阻、吸收比、套管介质损耗、交流耐压等。这些工作主要由试验班和在线监测班完成，试验班人数各地区不同。算例中，平均每个电站 0.4124 个人，平均每个人工资 12 万元/年，得到维护能耗为 4.949 万元/年。

6.3.4　故障能耗计算

故障能耗主要包括缺电能耗、修复能耗、惩罚能耗。计算所需参数见表 6-31。

表 6-31　　　　　　　　　　　　　**计算故障成本所需参数**

基本参数	方案一	方案二
故障率/［次/（台·年）］	0.05	0.05
平均每次修复成本/［万元/（台·次）］	40	40

方案一：ECF=40×0.05×3 万元/年=6 万元/年。

方案二：EDF=40×0.05×4 万元/年=8 万元/年。

6.3.5　退役处置能耗计算

退役处置能耗所需参数见表 6-32。

表 6-32　　　　　　　　　　　　　**退役处置能耗所需参数**

基本参数	方案一	方案二
实际退役年限	18	18
残值率	5%	5%
清理能耗	32%×新建能耗	32%×新建能耗

（1）净残值法。

方案一： $C_D = -C_I \times 3\% = -3150 \times 3\%$ 万元 $= -94.5$ 万元 。

方案二： $C_D = -C_I \times 3\% = -3160 \times 3\%$ 万元 $= -94.8$ 万元 。

（2）定律折旧法。

固定折旧率为

$$d = 1 - \sqrt[T]{\frac{K_T}{K_0}} = 1 - \sqrt[30]{5\%} = 0.0950$$

方案一：第 18 年退役时的残值

$$K_n = K_0(1-d)^n = 3150 \times (1-0.0950)^{18} \text{万元} = 522.38 \text{万元}$$

清理能耗

$$32\% \times 3150 \text{万元} = 1008 \text{万元}$$

方案二：第 18 年退役时的残值

$$K_n = K_0(1-d)^n = 3160 \times (1-0.0950)^{18} \text{万元} = 524.04 \text{万元}$$

清理能耗

$$32\% \times 3160 \text{万元} = 1011.2 \text{万元}$$

现将退役处置能耗的计算结果汇总见表 6-33。

表 6-33　　　　　　退役处置能耗计算结果　　　　（单位：万元）

计算方法	参数	方案一	方案二
净残值法	ECD	-94.5	-94.8
定率折旧法	清理能耗	1008	1011.2
	残值	522.38	524.04
	ECD	485.62	487.16

表 6-33 可以看出，采用两种方法计算得到的退役处置能耗差异很大。净残值法得到的成本为负数，说明退役时线路的残值大于其清理成本，还有一定的净残值；定律折旧法得到的成本为正值，说明其清理成本大于残值，还要支付一定的费用才能完成线路拆卸、处理的任务。对于实际情况，变压器的拆卸、处理需要耗费大量的人力、物力，是一个复杂的工程，因此选择定律折旧法更符合实际情况。

6.3.6　LCEC 模型的经济学修正

综合以上算例的计算，将结果进行汇总，见表 6-34。

表 6-34　　　　　　算例结果汇总　　　　（单位：万元）

参数		方案一	方案二
初始投资能耗	购置费	3150	3160
	占地费	2940.3	3016.73
	合计	6090.3	6176.73

参数		方案一	方案二
运行成本	损耗费	693.27	778.03
	日常巡视费	219	219
	合计	912.27	997.03
维护成本	合计	4.95	4.95
故障成本	合计	6	8
退役处置成本	清理能耗	1008	1011.2
	残值	−522.38	−524.04
	合计	485.62	487.16

其中，运行成本、维护能耗和故障能耗均是年能耗，需要计算其运行 18 年的能耗。折算过程中，引入了现值能耗法和通货膨胀率对其进行修正。

$$\text{LCEC} = \text{ECI} + (\text{ECO+ECM+ECF}) \times K_{\text{sum}} + \text{ECD} \times K \tag{6-61}$$

其中

$$K_{\text{sum}} = \frac{(1+R) \times \left[(1+r)^n - (1+R)^N \right]}{(1+r)^n (r-R)} \tag{6-62}$$

$$K = \left(\frac{1+R}{1+r} \right)^n \tag{6-63}$$

式中：R 为通货膨胀率，取 3%；r 为折现率，取 8%。因此，修正系数为 $K_{\text{sum}} = 11.824$，K=0.426。代入式（6-16）中，可得：

方案一：$\text{LCEC} = \text{ECI} + (\text{ECO+ECM+ECF}) \times K_{\text{sum}} + \text{ECD} \times K = 17\,213.30$ 万元。

方案二：$\text{LCEC} = \text{ECI} + (\text{ECO+ECM+ECF}) \times K_{\text{sum}} + \text{ECD} \times K = 18\,326.24$ 万元。

为了后边进一步分析算例中的隐含信息，现将每项成本基于折现率和通货膨胀率进行修正，修正结果见表 6-35。

表 6-35　　　　　**基于折现率和通货膨胀率修正后的各项能耗**　　　　　（单位：万元）

参数	方案一	方案二
初始投资能耗	6090.3	6176.73
运行能耗	10 786.68	11 788.88
维护能耗	58.51	58.51
故障能耗	70.94	94.59
退役处置能耗	206.87	207.53
LCEC	17 213.30	18 326.24

从 LCEC 的估算结果可以发现，方案一的能耗小于方案二，从而方案一优于方案二，可以作为最终的方案。

6.4 输电线路方案优化

以某长度为 16km 的 220kV 输电线路工程为例开展其在两种设计方案下的 LCEC 分析、损耗分析与方案比选研究。

该输电线路所在电网各季节典型日负荷曲线如图 6-25 所示。下面分别对两种方案的各项 LCEC 成本和损耗进行计算、分析和比对，找到能耗和节能因素后的最优方案。

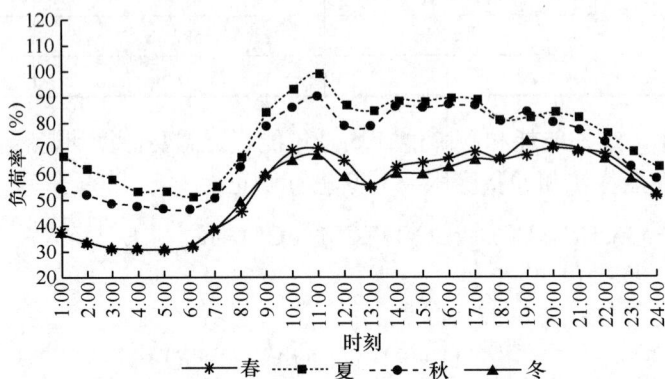

图 6-25 某地区各季节典型日负荷曲线

6.4.1 初始投资能耗计算

初始投资能耗主要包括设备购置费、土地购置费和设备安装调试费。计算所需参数见表 6-36。

表 6-36 计算初始投资成本所需参数

基本参数	方案一	方案二
导线型号	2×LGJ-630/45	4×LGJ-300/40
路径长度/km	16	16
导线单价/（万元/km）	200	230
导线安装费用/（万元/km）	17	20
土地购置费/万元	217	250

（1）设备购置费。

设备购置费=导线单价×路径长度

方案一：200×16 万元=3200 万元。

方案二：230×16 万元=3680 万元。

（2）土地购置费。

土地购置费=土地平均单价×占地面积

方案一：217 万元。

方案二：250 万元。

（3）安装调试费。

安装调试费=安装单价×路径长度

方案一：17×16 万元=272 万元。

方案二：20×16 万元=320 万元。

初始投资能耗的计算结果见表 6-37。

表 6-37　　　　　　　　　　初始投资能耗计算结果　　　　　　　　（单位：万元）

基本参数	方案一	方案二
设备购置费	3200	3680
土地购置费	217	250
安装调试费	272	320
ECI	3689	4250

6.4.2　运行能耗计算

输电线路运行能耗指线路运行期间的损耗费和日常巡视费之和。计算所需参数见表 6-38。

表 6-38　　　　　　　　　　计算运行能耗所需参数

基本参数	方案一	方案二
系统输送功率/MW	650（2 回）	650（2 回）
线路回路数	2	2
平均售电电价/［元/(kW·h)］	0.680 73	0.680 73
单位长度导线直流电阻/(Ω/km)	0.023 165	0.024 035
导线分裂数	2	4
功率因数 $\cos\varphi$	0.95	0.95
年最大利用小时数/h	4000	4000
运行人员平均工资/（万元/月）	1	1
运行人员数/个	2	2
巡视所需设备、材料费/（元/月）	0	0

（1）年电阻损耗费。

$$C_{L阻}=\left[\lim_{n\to\infty}\sum_{i=1}^{n}3n\left(\frac{P_i^2}{3nU^2\cos^2\varphi}R\right)\frac{T}{n}\right]\xi \tag{6-64}$$

式中：n 为线路回路数；ξ 为输电电价；P 为线路传输功率（MW）；R 为单位长度导线直流电阻 Ω/km；n 为导线分裂数；U 为输电电压（kV）；$\cos\varphi$ 为功率因数（kW）；T 为年小时数。

方案一：$C_{L阻}=\left[\lim_{n\to\infty}\sum_{i=1}^{n}3n\left(\frac{P_i^2}{3nU^2\cos^2\varphi}R\right)\frac{T}{n}\right]\xi=976.16万元$。

方案二：$C_{L阻}=\left[\lim_{n\to\infty}\sum_{i=1}^{n}3n\left(\frac{P_i^2}{3nU^2\cos^2\varphi}R\right)\frac{T}{n}\right]\xi=506.41万元$。

（2）年电晕损耗费。电晕损耗 P_k 的计算一般采用 EPRI 推荐的电晕损耗半经验公式或者皮克经验公式，该部分采用皮克提出的输电线路电晕损耗（单导线）的经验计算式。

方案一：2×LGJ-630/45，外径 33.6mm，导线的标称截面积为铝 630mm²，钢为 45mm²，因此，半径为 1.68cm。常见 220kV 杆塔尺寸按照上中下三相距离分别为 4m、4.5m 来计算。

$$s = \sqrt[3]{4 \times 4.5 \times 8.5}\text{m} = 5.34\text{m} = 534\text{cm}$$

$$U_0 = 21.4 \times m\delta r_0 \ln\frac{s}{r_0} = 169.86\text{kV}$$

$$P = \frac{241}{\delta}(f+25)\sqrt{\frac{r_0}{s}}(U-U_0)^2 \times 10^{-5} = 1.86\text{kW/km}$$

由于路径长度为 16km，则方案一每年同塔双回总电晕损耗成本为

$$(1.86 \times 16 \times 8760 \times 0.68 \times 12 \times 10^{-4})\text{万元} = 106.37\text{万元}$$

方案二：4×LGJ-300/40，外径 23.94mm，导线的标称截面积是铝 300mm²，钢 40mm²，因此半径为 11.97mm。

$$s = \sqrt[3]{4 \times 4.5 \times 8.5}\text{m} = 5.34\text{m} = 534\text{cm}$$

$$U_0 = 21.4 \times m\delta r_0 \ln\frac{s}{r_0} = 128.14\text{kV}$$

$$P = \frac{241}{\delta}(f+25)\sqrt{\frac{r_0}{s}}(U-U_0)^2 \times 10^{-5} = 0.987\text{kW/km}$$

由于路径长度为 16km，则方案二每年同塔双回总电晕损耗成本为

$$0.987 \times 16 \times (8760) \times 0.68 \times 6 \times 10^{-4}\text{万元} = 56.44\text{万元}$$

（3）日常巡视费（每年）。

方案一：1×12×2 万元=24 万元。

方案二：1×12×2 万元=24 万元。

运行能耗的结算结果见表 6-39。

表 6-39　　　　　运行能耗计算结果　　　　　（单位：万元/年）

基本参数	方案一	方案二
电阻损耗费	976.16	506.41
电晕损耗费	106.37	56.44
日常巡视费	24	24
ECO	1106.53	586.85

6.4.3 维护能耗计算

输电线路的维护能耗主要包括日常维护能耗和计划检修能耗。该部分按照初始投资的1.4%处理。

方案一：3689×1.4%万元/年=51.646 万元/年。

方案二：4250×1.4%万元/年=59.5 万元/年。

6.4.4　故障能耗计算

故障能耗主要包括缺电能耗、修复能耗和惩罚能耗。计算故障能耗所需参数见表 6-40。

表 6-40　　　　　　　　　　　计算故障能耗所需参数

基本参数	方案一	方案二
故障率/［次/（100km·a）］	0.35	0.35
平均每次修复能耗/［万元/（100km·a）］	50	50
平均每次修复时间/（h/次）	0.5	0.5
平均上网电价/买电电价/［元/（kW·h）］	0.4832	0.4832

电网实际运行中，采用 n-1 的运行模式，输电线路故障一般不会断电，即使是断电，一般也不存在赔偿情况。

缺电成本两方案均取为 0 万元。

修复成本：

方案一：$\dfrac{0.35 \times 50}{100} \times 16$ 万元/年=2.8 万元/年。

方案二：$\dfrac{0.35 \times 50}{100} \times 16$ 万元/年=2.8 万元/年。

惩罚成本两方案均取为 0 万元。

故障成本的计算结果见表 6-41。

表 6-41　　　　　　　　　　　故障成本计算结果　　　　　　　　　　　（单位：万元/年）

基本参数	方案一	方案二
缺电能耗	0	0
修复能耗	2.8	2.8
惩罚能耗	0	0
ECF	2.8	2.8

6.4.5　退役处置能耗计算

退役处置能耗有两种计算方法，分别用两种方法进行计算，所需参数见表 6-42。

表 6-42　　　　　　　　　　　计算退役处置能耗所需参数

基本参数	方案一	方案二
技术要求运行年限/年	30	30
实际运行年限/年	25	25
残值率（%）	5	5

（1）净残值法。

方案一：$C_D = -C_I \times 3\% = -3689 \times 3\%$万元 $= -110.67$万元。

方案二：$C_D = -C_I \times 3\% = -4250 \times 3\%$万元 $= -127.5$万元。

（2）定律折旧法。

固定折旧率为

$$d = 1 - \sqrt[T]{\frac{K_T}{K_0}} = 1 - \sqrt[30]{5\%} = 0.0950$$

方案一：第 25 年退役时的残值为

$$K_n = K_0(1-d)^n = 3200 \times (1-0.0950)^{25} \text{万元} = 263.608 \text{万元}$$

清理能耗（按照新建成本的 32% 计算，新建能耗包括设备购置费和安装调试费）：

$$32\% \times (3200+272) \text{万元} = 1111.04 \text{万元}$$

方案二：第 25 年退役时的残值

$$K_n = K_0(1-d)^n = 3680 \times (1-0.0950)^{25} \text{万元} = 303.149 \text{万元}$$

清理能耗

$$32\% \times (3680+320) \text{万元} = 1280.0 \text{万元}$$

退役处置能耗的计算结果见表 6-43。

表 6-43 退役处置能耗计算结果 （单位：万元）

计算方法	参数	方案一	方案二
净残值法	ECD	−110.67	−127.5
定率折旧法	清理能耗	1111.04	1280.0
	残值	263.608	303.149
	ECD	847.432	976.851

由表 6-43 可以看出两种计算方法得到的退役处置能耗差异非常大。净残值法得到的能耗为负数，说明退役时线路的残值大于其清理能耗，还有一定的净残值；定律折旧法得到的能耗为正值，说明其清理能耗大于残值，还要支付一定的费用才能完成线路拆卸、处理的任务。对于实际情况，线路的拆卸、处理，需要耗费大量的人力、物力，是一个复杂的工程，因此，选择定律折旧法更符合实际情况。

6.4.6 对 LCEC 进行经济学修正

综合以上算例的计算，将结果进行汇总。其中，运行能耗、维护能耗和故障能耗均是年能耗，需要计算其运行 25 年的能耗。折算过程中，引入了现值成本法和通货膨胀率对其进行修正

$$\text{LCEC} = \text{ECI} + (\text{ECO} + \text{ECM} + \text{ECF}) \times K_{\text{sum}} + \text{ECD} \times K \tag{6-65}$$

其中

$$K_{\text{sum}} = \frac{(1+R) \times \left[(1+r)^n - (1+R)^n \right]}{(1+r)^n (r-R)} \tag{6-66}$$

$$K = \left(\frac{1+R}{1+r} \right)^n \tag{6-67}$$

式中：R 为通货膨胀率，取 3%；r 为折现率，取 8%。求得的修正系数分别为：$K_{\text{sum}} = 14.302$，$K = 0.306$，将此修正系数代入式（6-65），求得两方案的 LCC 分别为

方案一: LCEC = ECI + (ECO + ECM + ECF) × K_{sum} + ECD × K = 20 552.59万元。

方案二: LCEC=ECI + (ECO+ECM+ECF) × K_{sum} + ECD × K =13 833.06万元。

算例结果汇总见表6-44。

表 6-44 算例结果汇总

阶段	参数	方案一	方案二
初始投资成本 CI/万元	购置费	3200	3680
	安装费	272	320
	占地费	217	250
	合计	3689	4250
运行成本 CO/(万元/年)	电阻损耗	976.16	506.41
	电晕损耗	106.37	56.44
	日常巡视	24	24
	合计	1106.53	586.85
维护成本 CM/(万元/年)	合计	51.646	59.5
故障成本 CF/(万元/年)	修复成本	2.8	2.8
	缺电成本	0	0
	惩罚成本	0	0
	合计	2.8	2.8
退役处置成本 CD/ 万元	清理成本	1111	1280
	残值	−63.608	−303.150
	合计	847.432	976.851

为了进一步分析算例中的隐含信息,对每项成本基于折现率和通货膨胀率进行了修正,修正结果见表6-45。

表 6-45 基于折现率和通货膨胀率修正后的各项成本 (单位:万元)

参数	方案一	方案二
初始投资能耗	3689	4250
运行能耗	15 825.59	8393.13
维护能耗	738.641	850.969
故障能耗	40.0456	40.0456
退役处置能耗	259.314	298.916
LCEC	20 552.59	13 833.06

从表6-45中可以发现,方案一的全寿命周期能耗大于方案二,因而方案二更优。

6.5 全寿命周期能耗分析系统

1. 全寿命周期能耗分析组件库建立

针对全寿命周期能耗分析的特点,采用组件封装技术将全寿命周期投资、运行、维护、故障及退役各阶段的数据、模型及结果分析应用模块封装成组件并分类形成组件库。

电网全寿命周期能耗分析组件库主要涉及变压器和输电线路投资、运行、维护、故障、退役阶段的数据输入组件和能耗及成本计算组件，以及全寿命周期总费用。电网设备全寿命周期能耗分析组件库中所有组件见表 6-46。

表 6-46 电网设备全寿命周期能耗分析组件库

序号	组件名称	序号	组件名称
1	导线投资参数输入组件	13	图形展示组件
2	导线运行参数输入组件	14	变压器投资参数输入组件
3	导线维护参数输入组件	15	变压器运行参数输入组件
4	导线故障参数输入组件	16	变压器维护参数输入组件
5	导线退役参数输入组件	17	变压器故障参数输入组件
6	导线投资阶段费用组件	18	变压器退役参数输入组件
7	导线运行阶段费用组件	19	变压器投资阶段费用组件
8	导线维护阶段费用组件	20	变压器运行阶段费用组件
9	导线故障阶段费用组件	21	变压器维护阶段费用组件
10	导线退役阶段费用组件	22	变压器故障阶段费用组件
11	方案全寿命总费用组件	23	变压器退役阶段费用组件
12	方案费用对比组件	24	变压器全寿命总费用组件

2. 全寿命周期能耗分析系统实现

基于综合集成技术和能效支持平台，采用应用系统的快速构建方式搭建电网设备全寿命周期能耗分析系统，如图 6-26 所示。

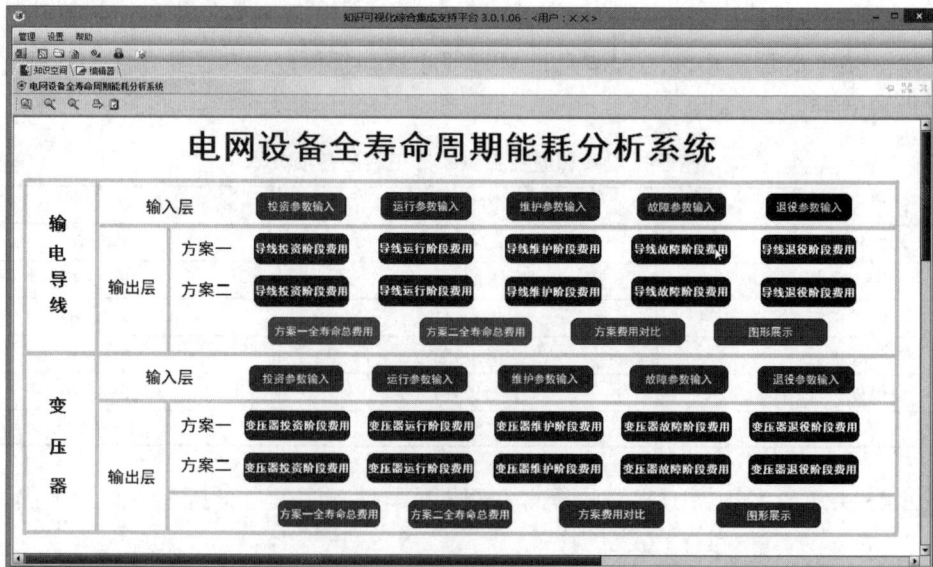

图 6-26 电网设备全寿命周期能耗分析系统

电网设备全寿命周期能耗分析系统主要有两大业务功能：一是输电导线的方案优化仿真；二是变压器方案优选。

（1）输电线路方案优化仿真。输电导线的方案优化仿真主要解决输电导线在规划阶段，采用全寿命周期能耗分析技术，对整个寿命周期内的输电导线能耗进行分析，从而为输电导线的规划提供最优的方案，服务于实际工作。该系统主要由全寿命周期能耗参数输入、全寿命周期各阶段能耗计算、全寿命周期能耗计算及方案对比及优选几个模块构成。

1）全寿命周期能耗参数输入。全寿命周期能耗的参数各个阶段并不相同，因此将每个阶段的参数单独作为一个组件，全寿命周期能耗参数输入如图 6-27 所示。

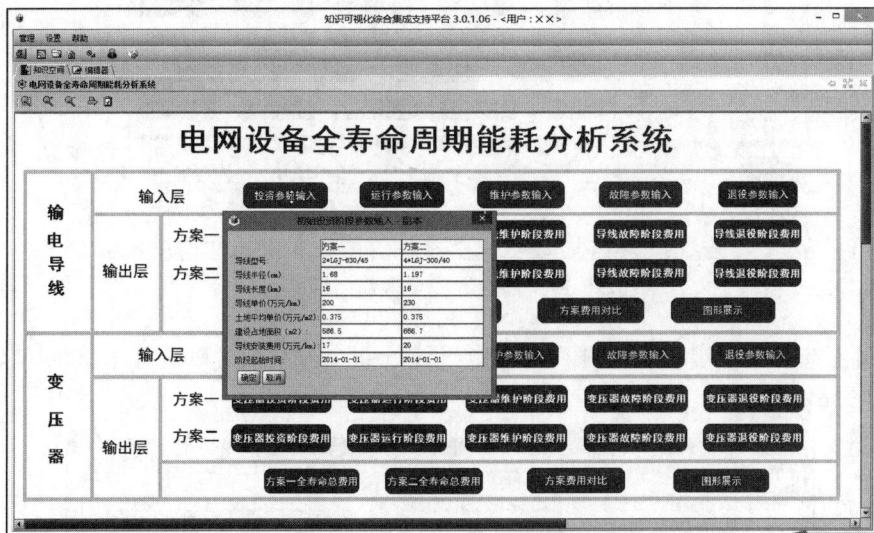

图 6-27　全寿命周期能耗参数输入

2）全寿命周期各阶段能耗计算。通过单击图各阶段能耗计算组件，可计算输电导线全寿命周期各阶段能耗，如图 6-28 所示。

图 6-28　输电导线全寿命周期各阶段能耗

3）全寿命周期能耗计算。全寿命周期能耗计算整个寿命周期输电导线的费用，输电导线全寿命周期能耗如图 6-29 所示。

图 6-29　输电导线全寿命周期能耗

4）方案优选及图形展示。通过对比输电导线的两个方案，可以选择最优的方案作为规划的结果，如图 6-30 所示。

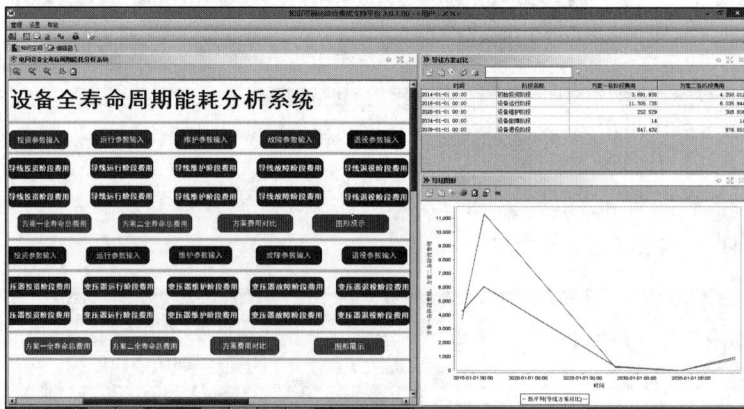

图 6-30　最优方案结果

（2）变压器方案优化仿真。变压器方案优选的功能和输电导线的功能类似，功能如图 6-31 所示。

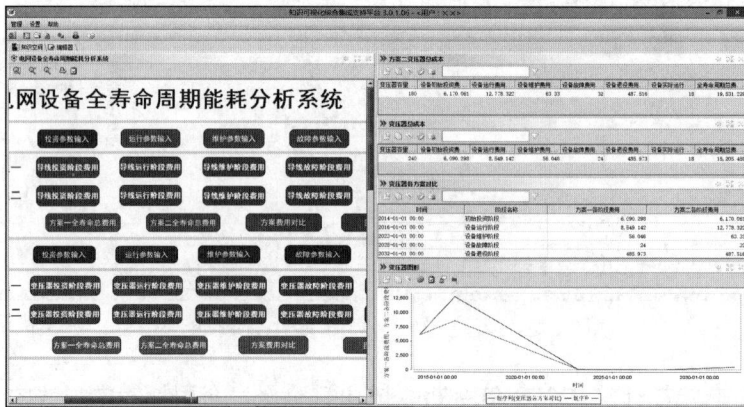

图 6-31　变压器全寿命能耗分析及方案优选

第7章　高载能企业节能量计算及能效评估

7.1　高载能企业基本情况

以某铁合金有限公司××厂为研究对象,对××厂进行节能量计算及能效水平进行评估。从而将节能量计算和能效评估理论应用于实际,为企业开展节能工作提供技术支持。

××厂已建成2台25 500kV·A矿热炉,主要产品为碳化硅。电力主要为外购,由当地供电局220kV变电站专线供给,电网输入电压分别为10kV、35kV和110kV,××厂现有用电负荷为100MW。现有主要用电设备有MD-CH10/8333电炉变压器6台、800kV·A动力变压器2台、110kW和55kW天车各2台及各类风机8台。××厂由3518线和3519线两条35kV母线进行供电生产,××厂供电系统一次图如图7-1所示。

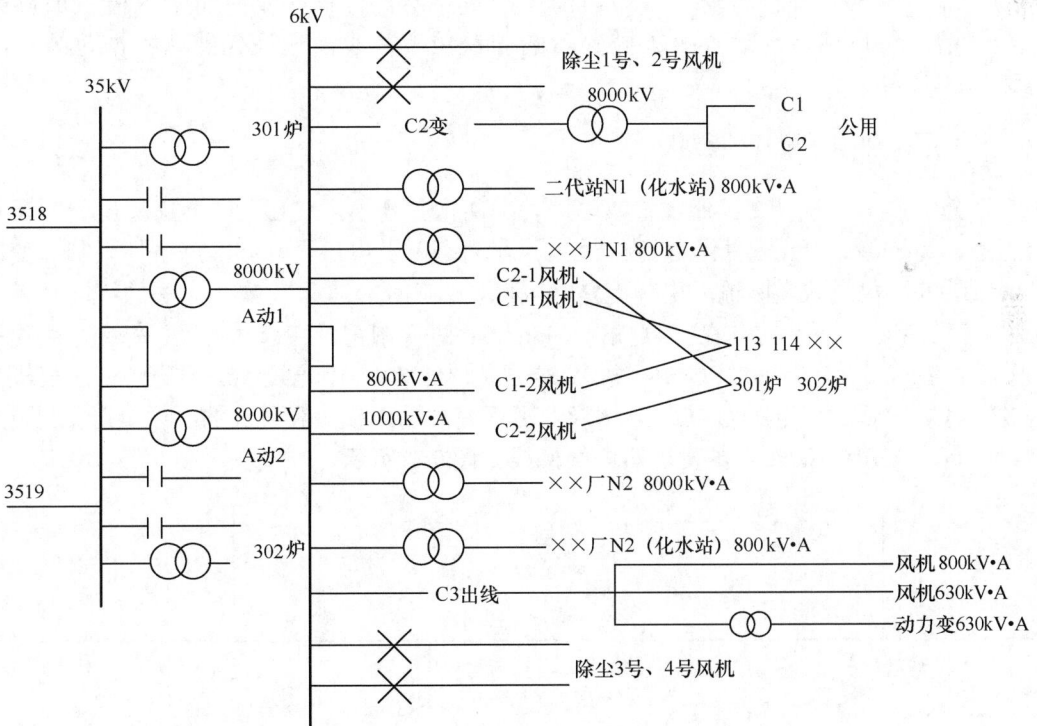

图7-1　××厂供电系统一次图

7.1.1　××厂硅铁生产工艺流程

冶炼厂硅铁生产工艺流程:将原料运至配料仓,经称量后运至炉子料仓,根据电炉的炉料消耗情况不断将炉料加入电炉,根据生产情况出铁,出铁后将产品浇入锭模中,待冷却后精整入库。

矿热炉又称电弧炉或电阻电炉，电能消耗惊人，俗称"电老虎"。它主要用于还原冶炼矿石。主要生产硅铁、锰铁、铬铁、钨铁、硅锰合金等铁合金。其工作特点是以碳为还原剂在炉内还原矿石中的氧化物来生产铁合金的方法，冶炼过程中热量的来源为电能，电极插入炉料进行埋弧操作，利用电弧的能量及电流通过炉料的，因炉料的电阻而产生能量来熔炼金属，陆续加料，间歇式出铁渣，连续作业的一种工业电炉。以生产硅铁（75%）为例，每日单位电耗在 9000kW·h/t 左右。

矿热炉用电弧发生的热来进行加热，变压器二次侧的三相交流电经短网、电极输入炉内，由于炉料的导电较差，所以电极得插入厚厚的炉料内部，在炉层内产生电弧热，同时有相当一部分热量是因为电流流过炉料时由电阻产生的。

由原料加工处理工序送来的合格的焦炭、退铁和钢屑分别储存于料仓。焦炭、硅石和铁屑用自动秤按规定比例称量后，输送到炉顶料仓，从炉顶料仓下部的投料管把炉料投入到炉膛中。电流由电炉变压器经短网、铜瓦、软电缆和导电铜管导入电极。炉料在轨铁炉内依靠电弧热、电阻热和一氧化碳带出的热量成硅铁和一氧化碳。生成的硅铁自出料口六料槽流出。投料管直接插入炉盖内，当炉料下沉时，可继续补充炉料。硅铁炉的使用功率由电极的升降和电压级数的切换来调整，切换电压可以在有载的情况下进行。电极的升降用油压升降机带动，压力由油压装置供给。硅铁炉定时将融入硅铁放出来，流入冷却槽，待自然冷却后经工人破碎后的硅铁粒度减小，送往包装站根据包装工序进行包装。

7.1.2　××厂矿热电炉变压器现状

铁合金矿热电炉常以变压器容量或电炉功率衡量其规模，变压器的名牌标出的容量称为额定容量，是矿热炉变压器所能达到的最大视在功率。受电炉设计和冶炼条件限制，变压器额定容量常常不能反映实际输入电炉能量，因此，人们常用实际生产中电炉的有功功率说明其规模。目前××厂两台电炉变压器属于 1986 年引进德国德马克公司产品，每台电炉由三台单相变压器组成。××厂 3518/3519 线额定电压为 35kV，301 号及 302 号电炉变压器额定电压为 38.5kV，实际运行电压为 40kV，这导致了很高的功率损失和过高的二次电压，配电线的实际电压高达 420V。矿热电炉变压器电气接线如图 7-2 所示。

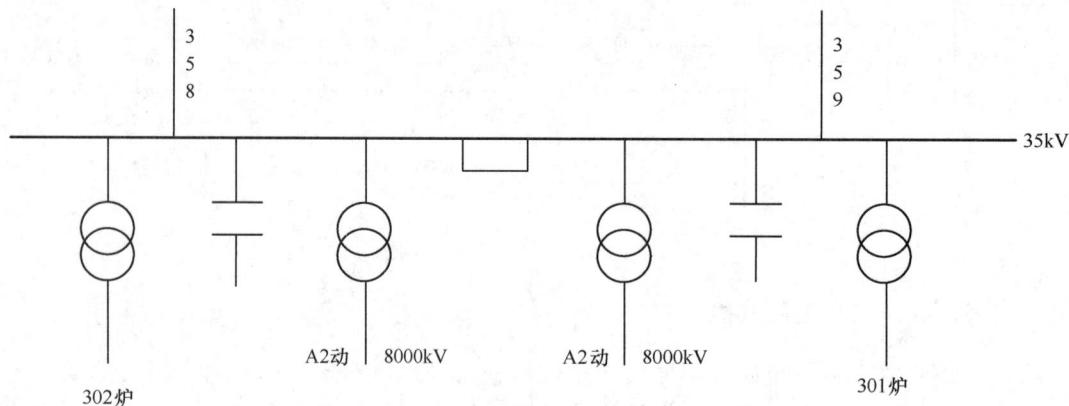

图 7-2　矿热电炉变压器电气接线图

每组矿热电炉变压器由三台单相变压器组成，单相变压器一次侧连接成三角形接入 35kV 母线，二次侧接成三角形并串入三个电极，电极中产生约 42 000A 的二次工作电流对矿热炉内的原料进行熔炼。三个电极的具体参数见表 7-1。

表 7-1　　　　　　　　　　　　　三个电极具体参数

电极直径/mm	电极电流密度/(A/cm²)	电极工作行程/mm
1250	6.5	1000

××厂全厂用电量的约 94.5%都来自冶炼用电，而冶炼用电中大约 15.6%都是电炉变压器的有功损耗，因此电炉变压器的有功损耗占了全厂用电量的 14.74%。电炉变压器为 20 世纪 80 年代从德国引进产品，已满负荷运行近 30 年，绕组、铁心已老化，导致变压器损耗超过最初设计标准，正常工况运行时变压器效率仅为 84%；电炉变压器二次侧虽已经并联有电容器作为其无功补偿装置，但补偿后的功率因数仍很低，满负荷正常工况下功率因数很低，平均只有 0.77 左右。这不仅导致很高的无功电量损失，同时也使变压器负担了过多的无功负荷，使其有功功率输出降低；电炉变压器一次侧的额定电压为 38.5kV，与我国 35kV 的供电电压等级不符，在满负荷运行情况下，一次电流将大于其额定电流，增加一次回路的负载损耗。为使变压器功率发挥充分，该厂将 3518 线和 3519 线两条 35kV 母线的电压提高至 40kV 进行运行生产。这直接导致了全厂的二次配电电压升高至 420V，不仅大大缩短了所有二次用电设备（如电动机和照明灯泡等）的使用寿命，也使二次设备的用电量增加为其标称容量的约 1.2 倍；目前电炉变压器的有载调压开关由运行人员根据熔炼工况手工调节，这不仅耗费人工而且不能使变压器的运行状况与熔炼工况快速有效地进行配合，从而导致了不必要的电能损失。

7.1.3　　××厂矿热电炉短网现状

短网由大量导体组成（基本部分是二次母线，可挠软母线，导电铜管和铜瓦。有时还在二次硬母线与变压器二次出线端之间加有补偿器；在可挠软母线与二次硬母线间加有固定连接座；在可挠软母线后与导电铜管间加有集电环等）。具有外形复杂，所处条件恶劣的特点。由于电流强度很大，致使导体周围产生很强的磁场，又由于其相互作用，便出现了各种现象，这不但使导体的工作情况复杂起来，而且也使整个炉子的工作情况复杂起来。其中，包括引起各导体间负荷不均匀和导体内电流分布。不均匀的趋肤效应、邻近效应以及因功率转移而造成的各相负荷（电流和功率）不均衡等现象。所有这些，都会使短网的有效电阻和电抗增加，电能损失增加，功率因数降低。在钢结构上产生的涡流，会使钢结构发热，并且产生附加电耗。

××厂矿热电炉短网布置情况：变压器出线侧共 48 个端子，每相出线侧为 16 根，用直径 50mm，壁厚 10mm 的铜管三连接短网，变压器离电极距离较远，造成短网过长，损耗较大，二次连接通过电极形成三角形连接方式，短网上的电流为二次侧相电流，总长度为 312m。采用变压器二次铜管换位布置，来提高电炉的自然功率因数。变压器二次铜管布置如图 7-3 所示。

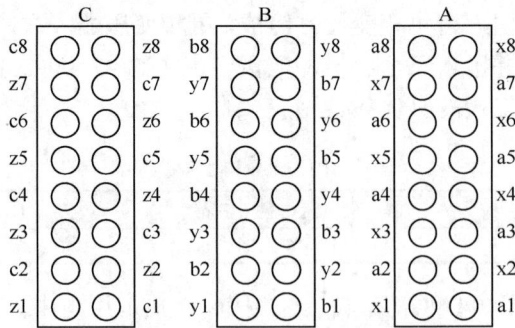

图 7-3 变压器二次铜管布置图

××厂短网系统供电电压为 35kV，采用三个单相变压器向 25MV•A 电炉供电。由于低压侧电流高达 50kA 左右，短网电压降低，电炉电极电压约比变压器出线电压低 20V 左右。

短网主要部件连接处接触电阻较大。导线电流密度偏高，为 5A/mm²。短网的主要部件如铜管、软电缆等部件连接处过热，温度最高为 80℃ 左右。

7.1.4 ××厂矿热电炉无功补偿设施现状

矿热电炉二次低压补偿是属于将原成熟的就地补偿技术应用到矿热电炉的二次低压侧，利用现代控制技术和短网技术进行补偿。目前××厂低压补偿采用固定电容补偿方式，补偿电容连接导线小，电线发热，容易烧坏，使电容器不能全部投入。因此功率因数多数在 0.71～0.81，损耗较大，低压无功补偿如图 7-4 所示。

矿热电炉变压器大都处于高无功运行状态，其短网上大量的无功消耗，及由此产生的大幅度的工作电压降是导致××厂低产量，高电耗的主要原因。三相矿热电炉变压器的短网布置长度不等，从而导致三相功率不平衡，加上冶炼电弧变化所产生的无功在电炉变压器和短网上流转，加剧了整个矿热炉的无功损耗；××厂采用较为传统的低压侧固定电容并联补偿方法，整体装置可靠性差，寿命短，存在弊端较大。301 号、302 号电炉已采用低压无功补偿，无功补偿点为变压器二次出口侧。额定电压230V，单只铭牌容量20kvar，在190V下出力仅13.6kvar。目前补偿后为 0.80 左右，补偿后可使变压器负载率由 100%降为 90%，年节约变损效果为 200 万 kW•h。

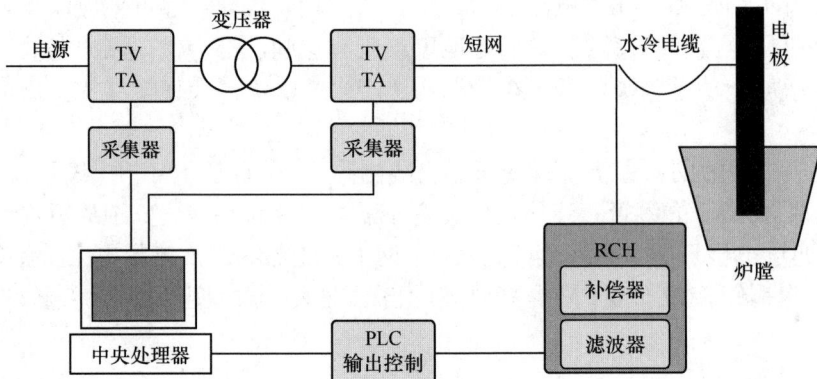

图 7-4 低压无功补偿示意图

7.2　高载能企业节能量计算

7.2.1　节能量计算指标的选择

根据××厂近年来的实际运行情况，从高载能企业节电量指标体系中选取了 16 种指标进行节电量的计算[70-71]，如图 7-5 所示。

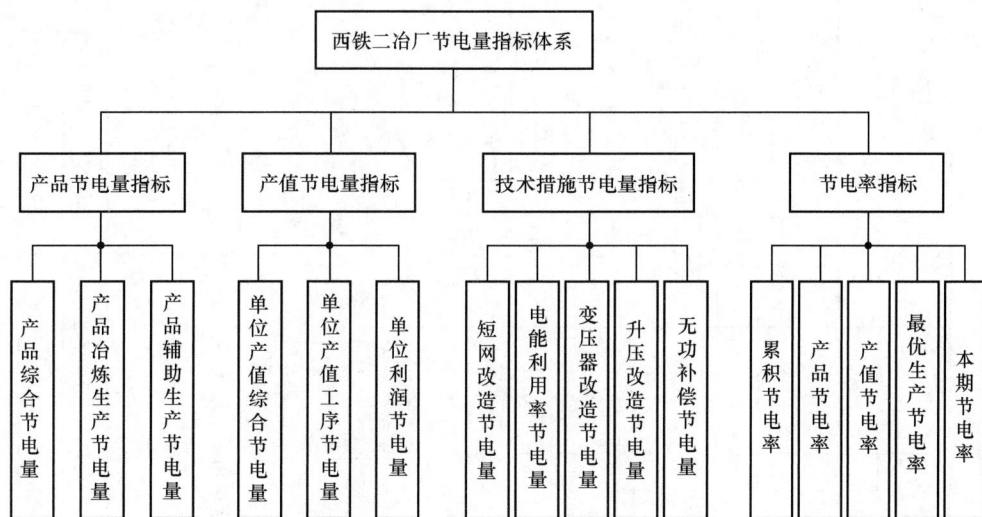

图 7-5　××厂节电量指标体系

7.2.2　节能量计算基础数据

铁合金厂基础数据主要是反映铁合金厂各生产设备和环节的电力能耗情况的基础数据，根据已有的能耗基础数据可以计算节能量指标，继而可以对铁合金企业节能水平进行评估。根据××厂的实际生产运行情况，主要采集铁合金厂能效数据，先后收集××厂 2011～2012 年数据，经过处理，得到逐月统计数据，2012 年能效基础数据见表 7-2。

7.2.3　节能量计算

××厂在 2012 年进行了节能改造，选取 2011 年为计算的基准期，2012 年为节能量计算的报告期，采用××厂节能量指标体系进行节能量的计算。各节能量指标的计算结果见表 7-3。

7.2.4　财政奖励计算

由于××厂 2012 年进行了节能改造，因此改造后的节能效果显著。根据国家规定，中央财政奖励标准为 240 元/t（标准煤），省级财政奖励标准不低于 60 元/t（标准煤），按照电量和标准煤的换算关系，可转换为中央财政标准：0.028 元/（kW·h），省级标准 0.007 元/（kW·h），从而可以得到可申请的国家和省级节能补偿金额，为节能补偿申请提供了依据。对××厂的节能量各个指标的节能补偿金额进行计算，结果见表 7-4 和表 7-5。

表 7-2 　节能量计算基础数据

时间/年月	201号硅铁产量/t	202号硅铁产量/t	产值/万元	利润/万元	201号综合电耗/(kW·h/t)	201号综合电耗/(kW·h)	有效电能利用率(%)	冶炼用电百分比(%)	冶炼用电/(kW·h)	辅助生产电耗/(kW·h)	单位辅助生产电耗/(kW·h/t)	最优生产单耗/(kW·h/t)
2012-01	1844	2077	2627.07	68.6175	20 876 514.08	23 514 381.64	94.40	94.9	42 126 960.04	2 263 935.682	577.3873	10 313.9680
2012-02	1972	1941	2621.71	72.3905	21 874 114.20	21 530 251.35	95.33	94.79	41 142 998.10	2 261 367.445	577.9114	10 095.4160
2012-03	2073	1814	2604.29	75.7965	23 132 917.95	20 242 698.10	94.49	94.93	41 176 472.32	2 199 143.734	565.7689	10 059.0920
2012-04	2054	2022	2730.92	67.2540	24 492 265.72	24 110 691.96	96.21	93.46	45 424 324.25	3 178 633.432	779.8414	10 746.5750
2012-05	1994	1851	2576.15	71.1325	20 946 870.30	19 444 662.45	93.97	94.77	38 279 055.59	2 112 477.163	549.4089	95 50.2616
2012-06	2007	1733	2505.8	65.4500	25 195 516.74	21 755 770.06	95.28	92.82	43 580 184.41	3 371 102.392	901.3643	113 89.0040
2012-07	1992	2114	2751.02	63.6430	22 056 180.96	23 407 011.32	96.03	94.88	43 135 476.84	2 327 715.445	566.9059	100 78.5460
2012-08	1874	2079	2648.51	65.2245	19 641 037.94	21 789 603.99	95.71	95.58	39 599 407.56	1 831 234.373	463.2518	9464.3021
2012-09	1933	2116	2712.83	70.8575	22 787 692.41	24 945 037.32	96.04	95.90	45 775 687.81	1 957 041.919	483.3396	10 727.8660
2012-10	2138	1791	2632.43	64.8285	22 980 549.56	19 250 778.42	95.03	94.68	39 984 621.33	2 246 706.649	571.8266	9803.8604
2012-11	2107	1828	2636.45	72.7975	23 051 823.13	19 999 398.52	95.59	94.06	40 493 979.08	2 557 242.566	649.8710	9947.6997
2012-12	2244	1773	2691.39	70.2975	26 661 839.16	21 065 704.47	96.07	94.45	45 078 664.96	2 648 878.671	659.4171	10 710.1780

时间/年月	单位综合电耗/(kW·h/t)	单位生产冶炼电耗/(kW·h/t)	单位辅助生产电耗/(kW·h/t)	单位产值综合电耗/(kW·h/万元)	单位产值冶炼电耗/(kW·h/万元)	单位利润电耗/(kW·h/万元)	电能损耗量/(kW·h)	矿电炉变压器型号	电炉变压器线圈形式	绝缘材料	电流密度/(A/mm²)	电炉变压器空载损耗/kW
2012-01	11 321.32	10 743.9327	577.3873	16 897.4925	16 035.7204	646 932.5714	261 698	9000/110	饼式	铁磁	2.4	7.0
2012-02	11 092.35	10 514.4386	577.9114	16 555.7463	15 693.1919	599 586.4865	272 556	9000/110	饼式	铁磁	2.4	7.0
2012-03	11 159.15	10 593.3811	565.7689	16 655.4478	15 811.0166	572 264.1026	299 183	9000/110	饼式	铁磁	2.4	7.0
2012-04	11 924.18	11 144.3386	779.8414	17 797.2836	16 633.3412	722 677.5758	276 002	9000/110	饼式	铁磁	2.4	7.0
2012-05	10 504.95	9955.5411	549.4089	15 679.0299	14 859.0166	567 835.1351	342 155	9000/110	饼式	铁磁	2.4	7.0
2012-06	12 553.82	11 652.4557	901.3643	18 737.0448	17 391.7250	717 361.1429	285 180	9000/110	饼式	铁磁	2.4	7.0
2012-07	11 072.38	10 505.4741	566.9059	16 525.9403	15 679.8122	714 347.0968	324 031	9000/110	饼式	铁磁	2.4	7.0
2012-08	10 480.81	10 017.5582	463.2518	15 643.0000	14 951.5794	635 200.6061	340 655	9000/110	饼式	铁磁	2.4	7.0

续表

时间/ 年-月	单位综合 电耗/ (kW·h/t)	单位生产 冶炼电耗/ (kW·h/t)	单位辅助 生产电耗/ (kW·h/t)	单位产值综合 电耗/ (kW·h/万元)	单位产值 冶炼电耗/ (kW·h/万元)	单位利润 电耗/ (kW·h/万元)	电能 损耗量/ (kW·h)	矿电炉 变压器 型号	电炉变 压器线 圈形式	绝缘 材料	电流密度/ (A/mm²)	电炉变压 器空载损 耗/kW
2012-09	11 788.77	11 305.4304	483.3396	17 595.1791	16 873.7768	673 644.0000	332 872	9000/110	饼式	铁磁	2.4	7.0
2012-10	10 748.62	10 176.7934	571.8266	16 042.7164	15 189.2439	651 431.5152	296 082	9000/110	饼式	铁磁	2.4	7.0
2012-11	10 940.59	10 290.7190	649.8710	16 329.2388	15 359.2820	591 383.2432	252 998	9000/110	饼式	铁磁	2.4	7.0
2012-12	11 881.39	11 221.9729	659.4171	17 733.4179	16 749.2132	678 936.5714	311 868	9000/110	饼式	铁磁	2.4	7.0

时间/ 年-月	电炉变压器负 载损耗/kW	电炉变压器 一次电压/kV	矿炉容量 (kV·A)	短网导体 材质	短网运行 温度/℃	短网导体 长度/m	每相短网 根数/根	短网导体 横截面积/mm²	短网二次运 行电压/V	短网导体内外 径/(mm/mm)	短网电 流/kA	矿炉功率 因数
2012-01	127.74	110	30 000	铜管	58	366	20	2592	170	40/70	50	0.95
2012-02	130.12	110	30 000	铜管	57	366	20	2592	170	40/70	50	0.95
2012-03	129.54	110	30 000	铜管	61	366	20	2592	170	40/70	50	0.95
2012-04	133.10	110	30 000	铜管	63	366	20	2592	170	40/70	50	0.95
2012-05	131.01	110	30 000	铜管	61	366	20	2592	170	40/70	50	0.95
2012-06	125.49	110	30 000	铜管	57	366	20	2592	170	40/70	50	0.95
2012-07	128.75	110	30 000	铜管	62	366	20	2592	170	40/70	50	0.95
2012-08	136.64	110	30 000	铜管	62	366	20	2592	170	40/70	50	0.95
2012-09	135.52	110	30 000	铜管	59	366	20	2592	170	40/70	50	0.95
2012-10	136.67	110	30 000	铜管	60	366	20	2592	170	40/70	50	0.95
2012-11	128.79	110	30 000	铜管	60	366	20	2592	170	40/70	50	0.95
2012-12	133.15	110	30 000	铜管	60	366	20	2592	170	40/70	50	0.95

表7-3

节能量计算结果

序号	指标名称	单位	1月	2月	3月	4月	5月	6月	7月	8月	9月	10月	11月	12月	2012年
1	升压改造节电量	kW·h	296 361.725	234 041.684	268 649.349	220 828.110	309 161.870	257 292.614	248 023.698	291 194.752	268 169.411	295 268.833	278 094.421	297 793.450	3 264 879.917
2	单位产值综合节电量	kW·h	7 884 321.502	8 699 781.266	7 472 585.135	2 620 992.823	11 063 575.781	1 288 138.815	6 627 456.147	8 409 426.856	4 763 619.339	7 223 972.583	8 604 459.270	5 038 523.767	79 815 833.690
3	本期节电率	%	12.469	14.134	12.071	2.197	19.086	-0.324	10.037	14.315	6.276	11.980	14.093	6.766	10.310
4	累计节电率	%	6.442	7.336	6.230	1.105	10.048	-0.162	5.151	7.434	3.189	6.181	7.314	3.442	5.295
5	产品综合节电量	kW·h	6 323 867.220	7 144 433.660	5 954 728.520	1 091 919.640	9 527 602.400	-151 844.000	5 072 511.340	6 921 663.470	3 196 564.030	5 747 694.810	7 062 498.650	3 463 417.230	61 469 912.302
6	产品间接节电量	kW·h	317 445.728	918 152.190	163 779.911	-490 140.630	-280 445.072	-731 613.938	-513 484.042	692 756.135	686 188.484	137 850.537	-6454.187	-109 806.704	768 604.344
7	提高电能利用率节电量	kW·h	20 727.526	25 457.858	16 414.580	31 402.544	17 166.965	27 156.821	24 672.499	25 176.821	28 507.423	27 902.593	19 516.815	25 707.555	288 891.977
8	最优生产节电率	%	8.898	8.988	9.858	9.876	9.088	9.279	8.976	9.699	8.999	8.790	9.075	9.858	9.886
9	产值节电率	%	15.082	16.697	14.696	5.117	21.501	2.670	12.723	16.873	9.074	14.607	16.657	9.549	12.987
10	单位产值工序节电量	kW·h	7 487 448.723	7 683 797.855	7 236 099.977	3 028 410.585	11 287 650.339	1 938 537.497	7 085 117.210	7 639 009.462	3 996 100.592	7 012 750.611	8 532 427.765	5 070 205.464	78 131 268.091
11	产品节电率	%	11.469	12.134	13.071	11.197	2.047	-3.324	13.037	9.315	8.243	13.980	11.044	7.681	12.550
12	无功补偿节电量	kW·h	168 169.950	132 806.550	152 444.610	125 308.530	175 433.370	146 000.250	140 740.620	165 237.960	152 172.270	167 549.790	157 804.200	168 982.380	1 852 650.480
13	产品生产冶炼节电量	kW·h	6 006 421.492	6 226 281.471	5 790 948.609	1 582 060.270	9 808 047.472	579 769.938	5 585 995.382	6 228 907.335	2 510 375.546	5 609 844.273	7 068 952.837	3 573 223.933	60 701 307.959
14	短网改造节电量	kW·h	15 690.715	15 880.601	14 878.993	15 709.543	14 757.961	16 122.665	15052.203	15 294.268	15 742.893	15 068.879	15 553.007	15 310.943	171 354.325
15	变压器改造节电量	kW·h	120 009.600	6 689 865.600	136 814.400	122 774.400	131 155.200	183 340.800	170 942.400	154 958.400	135 172.800	109 512.000	183 384.000	152 064.000	92 111 040.000
16	单位利润节电量	kW·h	16 817 189.490	25 866 032.488	11 593 017.479	12 134 503.954	39 911 760.126	13 714 657.569	29 135 758.618	13 590 009.298	29 769 419.760	21 101 470.334	31 118 153.015	18 631 771.920	263 030 747.225

表 7-4　　××厂 2012年可申请国家财政奖励金额　　（单位：元）

节能指标	1月	2月	3月	4月	5月	6月	7月	8月	9月	10月	11月	12月	2012年
单位产值工序节电量	220 849.788	226 641.302	213 436.005	89 325.9986	332 940.5344	57 179.102	208 982.6	225 320.20	117 869.00	206 848.09	251 672.50	149 550.78	2 304 559.88
单位利润节电量	496 039.821	762 944.494	341 947.644	357 919.329	1 177 237.277	404 527.540	859 388.300	400 850.90	878 078.80	622 408.97	917 861.00	549 562.74	7 758 354.92
变压器改造节电量	3539.803 16	4915.968 54	4035.477 54	3621.353 70	3868.559 00	5407.820 20	5042.117 00	4570.6530	3987.0570	3230.1660	5409.0940	4485.2797	579 037.1560
无功补偿节电量	4960.340 85	3917.2620	4496.506 22	3696.1004	5174.5880	4306.4234	4151.2850	4873.8590	4488.4730	4942.0486	4654.5930	4984.3043	54 645.7786
升压改造节电量	8741.485 45	6903.293 51	7924.081 20	6513.545 92	9119.033 00	7589.102 90	7315.707 00	8589.0800	7909.9250	8709.2495	8202.6730	8783.7156	96 300.8980
产品生产冶炼综合节电量	177 165.4080	183 650.3980	170 809.8200	46 664.4497	289 298.1640	17 100.8940	164 764.5000	183 727.90	74 046.04	165 467.97	208 505.80	105 395.81	1 790 445.78
提高电能利用率节电量	611 379.104	750 904.972	484.164 437	926.249 428	506.391 000	801.011 620	727.740 000	742.615 50	840.854 90	823.014 88	575.668 00	758.270 05	8 521.157 76
单位产值综合节电量	232 555.9470	256 608.7480	220 411.3710	77 308.8043	326 331.2310	37 994.9420	195 483.4000	248 044.50	140 507.70	213 078.30	253 797.10	148 616.30	2 354 247.83
产品间接生产节电量	9363.379 21	27 081.817 00	4830.852 26					20 433.8200	20 239.8200	4066.0394	0		22 670.7537
短网改造节电量	462.813 329	468.414 204	438.870 773	463.368 673	435.308 000	475.554 130	443.979 800	451.119 70	464.352 40	444.471 65	458.751 50	451.611 58	5054.267 18
产品综合节电量	186 528.7880	210 732.2150	175 640.6720	32 207.2617	281 026.1690	149 618.8000	149 618.8000	20 4161.40	94 285.85	169 534.01	208 315.50	102 156.95	1 813 116.53

表 7-5　　××厂 2012年可申请省级财政奖励金额　　（单位：元）

节能指标	1月	2月	3月	4月	5月	6月	7月	8月	9月	10月	11月	12月	2012年
单位产值工序节电量	55 212.4469	56 660.3254	53 359.0012	22 331.4997	83 235.1336	14 294.7760	52 245.6500	56 330.060	29 467.250	51 712.023	62 918.120	37 387.695	576 139.971
单位利润节电量	124 009.9550	190 736.1240	85 486.9109	89 479.8322	294 309.3192	101 131.8800	214 847.1000	100 212.70	219 519.70	155 602.24	229 465.30	137 390.69	1 939 588.73
变压器改造节电量	884.950 790	1228 992.130	1008.869 390	905.338 426	967.138 445	1351.955 100	1260.529 000	1142.663 00	996.764 20	807.541 49	1352.274 00	1121.319 90	144 759.289 00
无功补偿节电量	1240.085 21	979.315 50	1124.126 55	924.025 10	1293.645 67	1076.605 80	1037.821 00	1218.4650	1122.1180	1235.5122	1163.6480	1246.0761	13 661.4446
升压改造节电量	2185.371 360	1725.823 380	1981.020 300	1628.386 480	2279.759 628	1897.275 700	1828.927 000	2147.2700	1977.4810	2177.3124	2050.6680	2195.9289	24 075.2245
产品生产冶炼综合节电量	44 291.352 10	45 912.599 60	42 702.455 00	11 666.112 40	72 324.542 06	4275.223 50	41 191.130 00	45 931.960	18 511.510	41 366.992	52 126.460	26 348.953	44 7611.445
提高电能利用率节电量	152 844.776	187.7262 43	121.041 109	231.562 357	126.589 198	200.252 900	181.935 000	185.653 90	210.213 70	205.753 72	143.917 00	189.567 51	2130.289 44
单位产值综合节电量	58 138.9868	64 152.1871	55 102.8428	19 327.2011	81 582.80 781	9498.7356	48 870.8600	62 011.110	35 126.930	53 269.574	63 449.280	37 154.074	588 561.958
产品间接生产节电量	2340.844 80	6770.454 25	1207.713 06	0				5108.384 00	5059.954 00	1016.509 90			5667.688 43
短网改造节电量	115.703 332	117.103 551	109.717 693	115.842 168	108.825 202	118.888 530	110.994 900	112.779 90	116.088 10	111.117 91	114.687 90	112.902 90	1263.566 80
产品综合节电量	46 632.196 90	52 683.053 80	43 910.168 10	8051.815 43	70 256.540 10	0	37 404.700 00	51 040.350	23 571.460	42 383.502	52 078.870	25 539.239	453 279.133

7.3 高载能企业能效评估

对高载能企业进行能效评估首先要选取评估指标，本书前文建立了高载能效评估指标体系，现对应用企业，从指标体系中选取适合该企业的指标进行评估，限于定性评估指标原始数据采集的困难，本次评估只进行定量评估[72]。本次评估从能效评估指标体系中选取 28个指标，主要分为 8 类，包括变压器、短网、电能-光能、电力配送、矿炉、电力经济能耗、电能质量、电动机[73-78]。根据指标值对能效利用影响的不同，可以分为 3 类：越大越好，越小越好，越接近理想值越好，能效评估指标体系如图 7-6 所示。

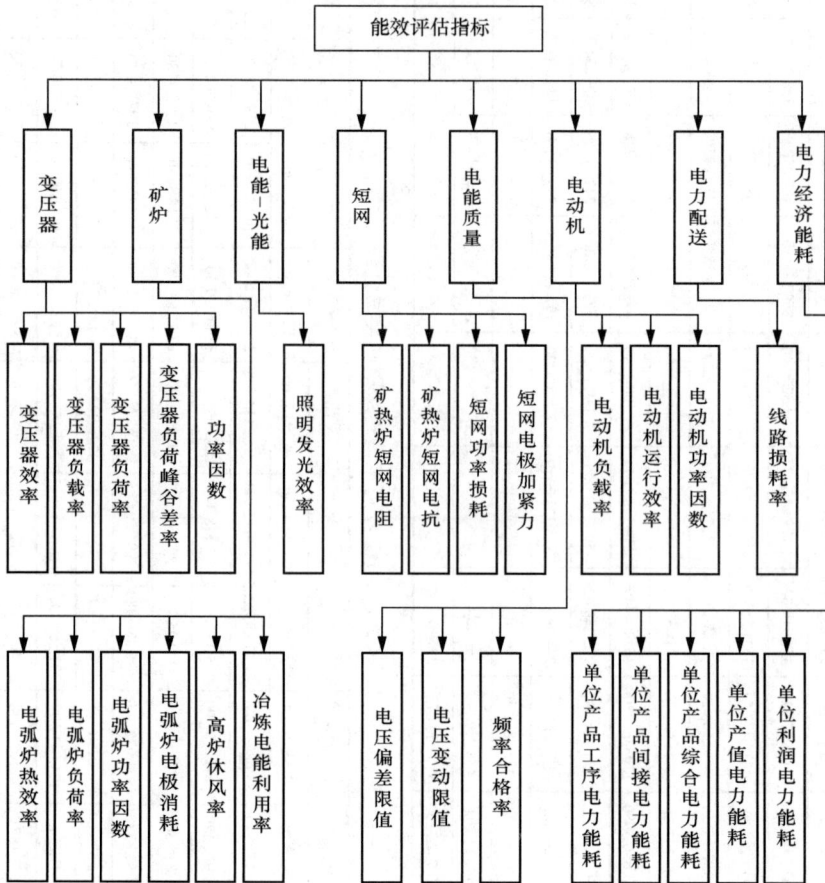

图 7-6　能效评估指标体系

7.3.1　能效评估基础数据

要对上述能效指标进行计算，需要收集计算 8 类指标的基础数据，本次收集了××厂2012 年逐月的相关数据。××厂包括 301 号炉、302 号炉两个炉，每个炉有 3 组变压器，一组变压器的参数有 12 个，一个炉的参数有 15 个（不包括变压器参数）；短网参数 10 个，电能质量参数 6 个，电动机参数 4 个，电力配送参数 4 个，光能-电能参数两个，具体见表 7-6。

表 7-6　能效评估基础数据

301 号炉　A 组

时间/月	额定容量/(kV·A)	二次侧额定电流/kA	调压级数	调压差级/V	二次电压/V	二次电流/kA	输出有功功率/kW	最高负荷/kW	最低负荷/kW	空载损耗/kW	负载损耗/kW	输入有功功率/kW
1	8333	46.32	22	5	195.7	38.873	7607.446	8191	6069	8.35	545	8160.796
2	8333	46.32	18	5	175.2	41.553	7280.086	8254	5442	8.35	530	7818.436
3	8333	46.32	21	5	191.0	40.113	7661.583	8162	6457	8.35	569	8238.933
4	8333	46.32	20	5	185.4	40.320	7475.328	8213	5707	8.35	548	8031.678
5	8333	46.32	18	5	187.6	40.526	7602.678	8146	5422	8.35	533	8144.028
6	8333	46.32	21	5	186.7	40.425	7547.348	8247	5954	8.35	391	7946.698
7	8333	46.32	22	5	180.9	40.850	7389.765	8224	5667	8.35	544	7942.115
8	8333	46.32	19	5	187.3	41.348	7744.480	8139	5791	8.35	414	8166.830
9	8333	46.32	21	5	200.2	39.208	7849.442	8189	5879	8.35	407	8264.792
10	8333	46.32	20	5	165.8	38.668	6411.154	8209	6376	8.35	574	6993.504
11	8333	46.32	21	5	198.0	37.307	7386.786	8192	5705	8.35	567	7962.136
12	8333	46.32	19	5	170.8	41.973	7168.988	8183	5675	8.35	649	7826.338

301 号炉　B 组

时间/月	额定容量/(kV·A)	二次侧额定电流/kA	调压级数	调压差级/kV	二次电压/V	二次电流/kA	输出有功功率/kW	最高负荷/kW	最低负荷/kW	空载损耗/kW	负载损耗/kW	输入有功功率/kW
1	8333	46.32	21	5	203.6	38.265	7790.754	8110	6097	8.35	343	8142.104
2	8333	46.32	19	5	182.5	39.268	7166.410	8286	6047	8.35	578	7752.760
3	8333	46.32	21	5	206.0	37.580	7741.480	8193	5359	8.35	397	8146.830
4	8333	46.32	21	5	192.6	37.232	7170.883	8184	5413	8.35	563	7742.233
5	8333	46.32	20	5	171.6	39.709	6814.064	8133	6334	8.35	430	7252.414
6	8333	46.32	20	5	192.5	38.132	7340.410	8000	5593	8.35	695	8043.760
7	8333	46.32	21	5	170.2	37.058	6307.272	8243	5866	8.35	440	6755.622
8	8333	46.32	21	5	181.4	37.710	6840.594	8183	5577	8.35	675	7523.944
9	8333	46.32	18	5	176.1	38.865	6844.127	8188	5803	8.35	454	7306.477
10	8333	46.32	22	5	195.4	38.837	7588.750	8176	5378	8.35	630	8227.100
11	8333	46.32	19	5	174.7	39.241	6855.403	8234	5286	8.35	497	7360.753
12	8333	46.32	19	5	206.9	38.183	7900.063	8174	5011	8.35	417	8325.413

301 号炉　C 组

时间/月	额定容量/(kV·A)	二次侧额定电流/kA	调压级数	调压差级/V	二次电压/V	二次电流/kA	输出有功功率/kW	最高负荷/kW	最低负荷/kW	空载损耗/kW	负载损耗/kW	输入有功功率/kW
1	8333	46.32	18	5	198.4	39.9	7930	8287	5786	8.35	429	8368
2	8333	46.32	19	5	189.8	39.8	7558	8163	6105	8.35	547	8113
3	8333	46.32	20	5	197.9	37.6	7454	8272	5836	8.35	390	7852
4	8333	46.32	21	5	186.4	39.1	7289	8100	6059	8.35	452	7750
5	8333	46.32	18	5	191.9	38.7	7435	8266	5026	8.35	530	7974
6	8333	46.32	21	5	180.7	38.4	6939	8196	5012	8.35	527	7475
7	8333	46.32	18	5	181.2	39.1	7091	8193	5477	8.35	558	7657
8	8333	46.32	20	5	180.5	38.9	7029	8199	5307	8.35	375	7413
9	8333	46.32	18	5	193.1	38.1	7364	8147	5283	8.35	609	7981
10	8333	46.32	19	5	191.2	37.6	7207	8264	5546	8.35	589	7805
11	8333	46.32	19	5	185.7	38.3	7112	8166	5247	8.35	486	7607
12	8333	46.32	22	5	190.5	38.4	7315	8133	5379	8.35	317	7640

301 号炉

时间/月	供给热量/亿kJ	有效热量/亿kJ	输入有功功率/kW	最高负荷/kW	输出有功功率/kW	产量/t	产值/万元	利润/万元	综合电耗/(亿kW·h)	冶炼电耗(纯电耗)/(亿kW·h)	辅助生产电耗/(万kW·h)	电极消耗量/kg	大中修停炉时间/h	休风时间/h	空载升温至工作温度时间/mm
1	1.60	1.09	20036	21085	15828	1844	1198.6	396.460	0.17	0.161	86.3	82980	0	40	254
2	1.45	0.98	18976	21253	15560	1972	1281.8	423.980	0.16	0.150	10.1	88740	0	39	259
3	1.53	1.04	19585	21130	15962	2073	1347.45	445.695	0.15	0.162	81.7	93285	0	40	232
4	1.62	1.10	18905	21073	16258	2054	1335.1	441.610	0.16	0.172	98.4	92430	0	34	275
5	1.54	1.04	18972	21051	15937	1994	1296.1	428.710	0.17	0.180	68.6	89730	0	46	215
6	1.62	1.10	18725	20979	15635	2007	1304.55	431.505	0.18	0.170	10.2	90315	0	21	254
7	1.49	1.02	18123	21197	15495	1992	1294.8	428.280	0.17	0.165	61.5	89640	0	34	275
8	1.69	1.15	18723	21055	15859	1874	1218.1	402.910	0.165	0.163	89.8	84330	58	16	270
9	1.54	1.05	19165	21080	16079	1933	1256.45	415.595	0.163	0.171	93.5	86985	0	18	279
10	1.55	1.06	18000	21156	14778	2138	1389.7	459.670	0.171	0.168	88.0	96210	0	32	277
11	1.63	1.11	18457	21140	16113	2107	1369.55	453.005	0.168	0.167	89.3	94815	0	23	231
12	1.54	1.05	19045	21052	15122	2244	1458.6	482.460	0.167	0.191	99.5	100980	0	24	279

续表

302 号炉 — C 组

时间/月	额定容量/(kV·A)	二次侧额定电流/kA	调压级数	调压差级/V	二次电压/kV	二次电流/kA	输出有功功率/kW	最高负荷/kW	最低负荷/kW	空载损耗/kW	负载损耗/kW	输入有功功率/kW	供给热量/亿kJ	有效热量/亿kJ	输入有功功率/kW	最高负荷/kW	输出有功功率/kW	产量/t	产值/万元	利润/万元	综合电耗/(亿kW·h)	冶炼电耗(纯加热电耗)/(亿kW·h)	辅助生产电耗/(万kW·h)	电极消耗量/kg	大中修停炉时间/h	休风时间/h	空载升温至工作温度时间/min
1	8333	46.32	22	5	194.2	39.610	7692	8176	6302	8.35	331	8031	1.52	1.10	19280	21095	14460	2077	1350	446	0.188	0.178	95.9	93465	0	28	214
2	8333	46.32	20	5	201.2	38.313	7708	8150	5065	8.35	417	8133	1.46	1.05	19164	20993	15714	1941	1261	417	0.170	0.161	88.5	87345	0	48	272
3	8333	46.32	21	5	185.7	38.194	7092	8107	6278	8.35	319	7419	1.57	1.13	18470	21122	16623	1814	1179	390	0.163	0.155	82.5	81630	0	18	214
4	8333	46.32	21	5	181.8	39.928	7258	8243	5743	8.35	334	7601	1.56	1.12	19274	21129	16350	2022	1314	434	0.179	0.167	11.7	90990	47	29	231
5	8333	46.32	22	5	190.5	37.535	7150	8269	5532	8.35	575	7733	1.65	1.19	19235	21182	14811	1851	1203	397	0.155	0.147	81.2	83295	0	35	232
6	8333	46.32	22	5	186.8	39.113	7306	8158	5787	8.35	312	7626	1.64	1.18	19143	21202	15314	1733	1126	372	0.164	0.152	11.8	77985	0	15	258
7	8333	46.32	19	5	180.1	38.544	6941	8159	5123	8.35	594	7544	1.64	1.18	19123	21119	15107	2114	1374	454	0.178	0.169	91.1	95130	0	44	225
8	8333	46.32	19	5	200.4	38.512	7717	8254	5103	8.35	546	8272	1.69	1.21	19209	21151	14983	2079	1351	446	0.192	0.183	84.8	93555	29	33	244
9	8333	46.32	22	5	184.4	38.348	7071	8177	5619	8.35	452	7531	1.68	1.21	19209	21122	15191	2116	1375	454	0.196	0.188	80.4	95220	0	46	278
10	8333	46.32	22	5	198.0	38.309	7585	8234	5322	8.35	322	7915	1.61	1.16	18754	21144	14407	1791	1164	385	0.163	0.154	86.5	80595	0	15	226
11	8333	46.32	21	5	196.0	39.06	7655	8194	5173	8.35	322	7986	1.68	1.21	19644	21016	16501	1828	1188	393	0.149	0.140	88.6	82260	0	46	246
12	8333	46.32	20	5	190.6	37.776	7200	8168	5651	8.35	578	7786	1.51	1.08	19264	20951	16760	1773	1152	381	0.168	0.159	93.3	79785	0	32	223

302 号炉 — A 组

时间/月	额定容量/(kV·A)	二次侧额定电流/kA	调压级数	调压差级/V	二次电压/V	二次电流/kA	输出有功功率/kW	最高负荷/kW	最低负荷/kW	空载损耗/kW	负载损耗/kW	输入有功功率/kW
1	8333	46.32	22	5	187.3	39.873	7468.213	8260	5280	8.35	651	8127.563
2	8333	46.32	19	5	187.9	37.414	7030.091	8181	6101	8.35	636	7674.441
3	8333	46.32	18	5	182.0	38.536	7013.552	8158	5646	8.35	536	7557.902
4	8333	46.32	21	5	198.4	38.931	7723.910	8240	5596	8.35	557	8289.260
5	8333	46.32	22	5	195.2	39.242	7660.038	8130	6400	8.35	382	8050.388
6	8333	46.32	20	5	198.3	38.676	7669.451	8208	5256	8.35	597	8274.801
7	8333	46.32	18	5	200.4	39.575	7930.83	8269	6045	8.35	623	8562.180
8	8333	46.32	19	5	199.4	38.457	7668.326	8194	5526	8.35	634	8310.676
9	8333	46.32	21	5	181.9	39.211	7132.481	8281	5972	8.35	600	7740.831
10	8333	46.32	18	5	181.3	39.470	7155.911	8194	6028	8.35	407	7571.261
11	8333	46.32	22	5	200.3	39.128	7837.338	8129	5501	8.35	379	8224.688
12	8333	46.32	18	5	186.4	38.983	7266.431	8100	5262	8.35	434	7708.781

302 号炉 — B 组

时间/月	额定容量/(kV·A)	二次侧额定电流/kA	调压级数	调压差级/V	二次电压/V	二次电流/kA	输出有功功率/kW	最高负荷/kW	最低负荷/kW	空载损耗/kW	负载损耗/kW	输入有功功率/kW
1	8333	46.32	19	5	188	39.210	7371.480	8115	6315	8.35	595	7974.83
2	8333	46.32	20	5	201	38.228	7683.828	8107	5425	8.35	635	8327.178
3	8333	46.32	18	5	190.7	38.606	7362.164	8284	5433	8.35	330	7700.514
4	8333	46.32	18	5	183.7	40.064	7359.757	8130	5709	8.35	502	7870.107
5	8333	46.32	20	5	193.2	38.548	7447.474	8278	6304	8.35	592	8047.824
6	8333	46.32	18	5	190.5	38.087	7255.574	8284	5840	8.35	367	7630.924
7	8333	46.32	18	5	190.6	37.695	7184.667	8140	6427	8.35	681	7874.017
8	8333	46.32	22	5	180.4	39.276	7085.390	8192	5077	8.35	595	7688.740
9	8333	46.32	21	5	199.3	37.828	7539.120	8120	6467	8.35	429	7976.470
10	8333	46.32	21	5	198.5	38.661	7674.209	8196	5704	8.35	596	8278.559
11	8333	46.32	21	5	193.9	38.099	7387.396	8157	6463	8.35	504	7899.746
12	8333	46.32	21	5	195.7	40.066	7840.916	8136	5659	8.35	479	8328.266

7.3.2　单指标评估

单指标评估是以选择的 28 个指标计算值为基础，利用粗糙集确定指标相应的权重，并计算每个指标的得分，制定相应的评估标准，最后根据评估标准得到每个指标的等级以及并给出建议的节能措施。单指标计算结果采用图表显示，列出两个指标 2012 年 12 个月的结果，如图 7-7 和图 7-8 所示。

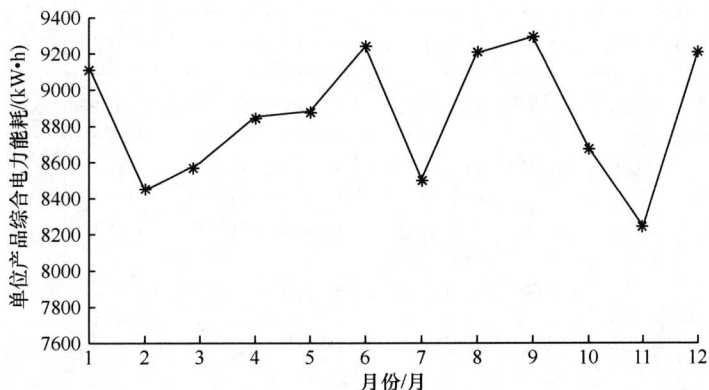

图 7-7　单位产品综合电力能耗计算结果

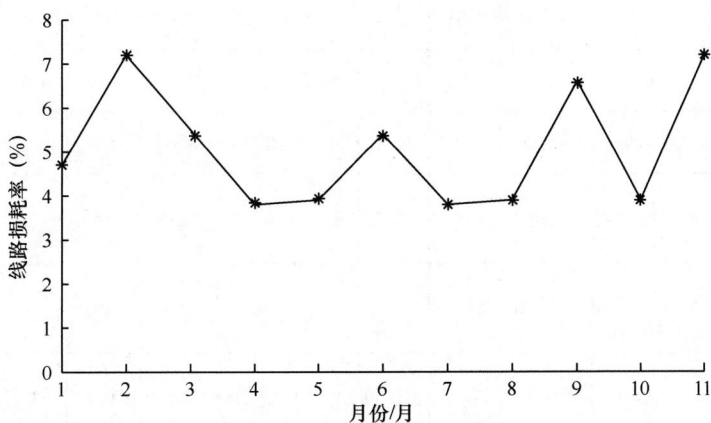

图 7-8　线路线损率计算结果

能效评估 28 个指标 2012 年以及逐月的计算结果见表 7-7。

表 7-7　　　　　　　　　　　　　能效评估指标计算值

指标名称	年平均	1 月	2 月	3 月	4 月	5 月	6 月	7 月	8 月	9 月	10 月	11 月	12 月
变压器平均效率（%）	93.53	93.96	92.89	94.49	93.66	93.45	93.77	93.66	93.45	93.58	93.22	94.01	93.85
变压器平均负载率（%）	83.98	84.85	84.41	83.01	84.77	84.31	83.78	84.77	84.31	83.33	83.35	83.17	84.69
变压器平均负荷率（%）	89.95	93.33	90.43	90.13	90.16	89.62	89.76	90.16	89.62	89.21	88.54	90.16	91.41
变压器平均负荷峰谷差率（%）	30.44	27.01	30.44	28.78	30.29	28.83	31.88	30.29	28.83	28.67	30.27	31.98	33.25

129

续表

指标名称	年平均	1月	2月	3月	4月	5月	6月	7月	8月	9月	10月	11月	12月
变压器平均功率因数	0.88	0.92	0.89	0.89	0.89	0.88	0.88	0.89	0.88	0.88	0.87	0.88	0.89
电压偏差限值（%）	4.05	1.71	6.00	−1.43	−2.00	7.71	2.86	−2.00	7.71	−4.00	6.00	8.86	−2.29
电压变动限值（%）	3.55	4.18	3.93	4.02	3.17	3.05	3.09	3.17	3.05	2.81	4.22	3.19	3.94
频率合格率（%）	98.08	97.22	98.61	98.33	98.33	98.19	97.36	98.33	98.19	97.92	98.61	98.75	97.64
电动机负载率（%）	64.95	97.22	68.00	63.66	63.66	65.14	62.26	63.66	65.14	63.06	67.23	65.03	66.06
电动机运行效率（%）	90.36	90.66	89.02	90.51	88.36	92.18	88.85	88.36	92.18	91.94	92.40	89.98	90.83
电动机功率因数	0.72	0.71	0.76	0.70	0.72	0.71	0.70	0.72	0.71	0.69	0.73	0.72	0.73
电弧炉热效率（%）	71.83	70.00	70.00	70.00	70.00	70.00	70.00	70.00	70.00	70.00	70.00	70.00	70.00
电弧炉负荷率（%）	74.02	71.81	74.04	77.12	77.27	72.82	73.38	77.27	72.82	74.10	69.00	77.37	75.91
电弧炉功率因数	0.82	0.77	0.82	0.86	0.85	0.81	0.82	0.85	0.81	0.82	0.79	0.86	0.83
电弧炉电极消耗/(kg/t)	5.37	5.20	5.66	5.51	5.41	5.32	5.21	5.41	5.32	5.08	5.48	5.78	5.16
高炉休风率（%）	4.40	4.72	6.04	4.03	4.52	5.63	2.50	4.52	5.63	4.44	3.26	4.79	3.89
冶炼电能利用率（%）	95.01	94.91	94.25	95.07	94.03	95.55	93.59	94.03	95.55	95.36	94.86	94.49	94.75
单位产品综合电力能耗/(kW·h/t)	8857.14	9126.04	8446.21	8599	8853	8882	9240	8853	8882	9293	8678	8243	9210
单位产品工序电力能耗/(kW·h/t)	8397.19	8661.07	7962.21	8174	8324	8491	8646	8324	8491	8861	8231	7789	8726
单位产品间接电力能耗/(kW·h/t)	459.96	464.97	483.99	424.47	528.99	391.43	594.15	528.99	391.43	431.81	447.19	454.27	484.83
单位利润电力能耗/(kW·h/t)	41 196.02	42 446.70	39 284.67	39 996	41 178	41 315	42 978	41 178	41 315	43 225	40 364	38 342	42 841
单位产值电力能耗/(kW·h/万元)	13 626.37	14 040.06	12 994.16	13 229	13 620	13 665	14 215	13 620	13 665	14 297	13 351	12 682	14 170
矿热电炉短网电阻/Ω	0.006 339	0.006 333	0.006 266	0.0064	0.0062	0.0062	0.0063	0.0062	0.0062	0.0062	0.0064	0.0063	0.0063
矿热电炉短网电抗/Ω	0.0006	0.0006	0.0006	0.0006	0.0006	0.0006	0.0006	0.0006	0.0006	0.0006	0.0006	0.0006	0.0006
短网功率损耗/kW	45.35	45.89	43.70	45.29	44.20	44.20	45.58	44.20	44.20	44.99	45.40	47.17	45.88
短网电极加紧力/kg	36 624	36 861	36 161	36 298	36 499	36 303	36 606	36 499	36 303	36 756	36 469	37 435	36 726

指标名称	年平均	1月	2月	3月	4月	5月	6月	7月	8月	9月	10月	11月	12月
照明发光效率（%）	176.44	181.28	180.72	177.86	178.43	162.45	170.76	178.43	162.45	177.09	186.32	185.22	172.13
线路损耗率（%）	5.23	4.70	7.20	5.50	3.80	3.90	5.40	3.80	3.90	6.60	3.90	7.20	5.80

利用前述粗糙集中不同指标类型的计算公式计算指标得分，需要每个指标的边界值。下面列出 28 个指标边界值，见表 7-8。

表 7-8　　　　　　　　　　指标边界值

指标名称	指标类型	最大值	最小值	理想值
电弧炉负荷率（%）	越大越好	80	50	
电弧炉功率因数	越大越好	0.85	0.5	
电弧炉热效率（%）	越大越好	80	0	
单位利润电力能耗/（kW·h/万元）	越小越好	45 000	39 000	
单位产值电力能耗/（kW·h/万元）	越小越好	15 500	12 500	
电弧炉电极消耗/（kg/t）	越小越好	10	5	
频率合格率（%）	越大越好	100	5	
单位产品间接电力能耗/（kW·h/万元）	越小越好	1000	300	
单位产品综合电力能耗/（kW·h/万元）	越小越好	10 000	8400	
照明发光效率（%）	越大越好	190	0	
线路损耗率（%）	越小越好	20	3	
电动机运行效率（%）	越大越好	95	70	
电动机负载率（%）	理想值	90	50	70
电动机功率因数/（kW·h/t）	越大越好	0.78	0.5	
单位产品工序电力能耗/（kW·h/t）	越小越好	9000	7900	
变压器功率因数	越大越好	0.95	0.5	
冶炼电能利用率（%）	理想值	100	90	95
短网电极夹紧力/kg	理想值	45 000	30 000	36 500
矿热电炉短网电阻/Ω	越小越好	0.04	0.001	
短网功率损耗/kW	越小越好	70	43	
变压器负荷峰谷差率（%）	越小越好	95	0	
变压器效率（%）	越大越好	98	0	
变压器负荷率（%）	越大越好	99	0	
变压器负载率（%）	理想值	90	50	83
电压变动限值（%）	越小越好	15	2	
电压偏差限值（%）	越小越好	50	0	

利用前述粗糙集中不同指标类型的计算公式计算指标得分，再根据指定的评估标准分别确定指标的等级，并给出建议的节能措施。评估标准分为四个等级，评估标准见表 7-9。

表 7-9　　　　　　　　　　评估标准

分数	90～100	75～90	60～75	0～60
等级	优	良	中	差

依据上述评估标准，2012 年该企业单指标评估的结果见表 7-10。

单指标评估结果

表 7-10

企业名称	时间/年	指标名称	指标计算值	指标得分	等级	节能措施
××厂	2012	电动机运行效率（%）	90.36	81.44	良	提出以下节能措施：①降低电动机定子绕组电阻损失。A）增加定子槽截面积，减少内部磁路面积；B）利用最佳线槽和最优绝缘尺寸的部分方式可以增加定子槽满率；C）缩短定子端部绕组长度等方法可以有效降低定子绕组的电阻，从而在同功率下有效降低电动机定子绕组的电阻损耗。②降低电动机转子电阻损失：A）降低电动机转子电流和转子速损失；B）提高电动机运行电压等级，采用先进的粗导线或低阻新型材料均可以有效降低电动机转子绕组的电阻损失。③降低其总额和铁耗散损失，提高其运行效率。④降低电动机铁耗散损失
××厂	2012	平均负荷峰谷差率（%）	30.44	67.96	中	提出以下节能措施：①压低高峰负荷和提高平均负荷，使两者之间的差别尽量减小。合理分配负荷，减少基本电费开支，降低生产成本。②尽量使负荷平稳，减少峰谷差。峰段投入更多的发电机组，必须投入备用机组，调峰非常便利。这样一来，调峰必须投更多的发电机组的频繁启停会使煤耗、耗油增加，如果备用机组拉路限电，就要被迫拉路限电，谷段负荷浪费，同时还会增加机组的频繁启停会使煤耗、耗油增加，从而造成能源的大量浪费生产成本
××厂	2012	电弧炉负荷率（%）	74.02	80.05	良	提出以下节能措施：①合理选择电炉容量。②定期对电炉进行检查维护，保证机组在高效率运行。③采用全封闭技术，减少电炉热损失。尽量避免电炉长时间处于超载状态。
××厂	2012	电弧炉电极消耗率（%）	5.37	92.55	优	提出以下节能措施：①减少电极表面氧化。②防止电极折断。③电极自动下降前检查电极正下方有无不导电物体，若有移开或在其上一层覆盖一层经薄料废钢，并做好废钢料的分选和配料。④定期检查电极卡头对其顶部位进行吹灰。⑤给三相电极安装喷淋装置
××厂	2012	线路损耗率（%）	5.23	86.86	良	提出以下节能措施：①合理设置线路结构。电源应在负荷中心，使电网呈网状结构，线路向四周辐射，这种电网结构损失最小，这种电网结构同样在线路的功率下线路损耗小。②降低无功消耗。在线路的负载中存在着大量感性负荷，因此，降低无功消耗、加强无功补偿是降低线路损耗的一个重要措施。③尽量保持线路三相负荷平衡。④合理选择变压器的变比和电压，最大限度地降低接近效应的影响，使导体的截面得到充分利用，有利于减小系统电压偏差。⑤最大限度地降低供配电线路的电抗，采用电缆供电线路代替架空供电线路
××厂	2012	照明发光效率（%）	176.44	92.86	优	提出以下节能措施：①采用按用途、场地分类控制的线路。②采用便于开关及闭光的控制开关和电器。③根据时间、场地，用途及适合的照明控制方式。④充分利用天然光及引入节能照明系统。⑤合理调整生活照明变压器电压分接头，将照明变压器电压分接头由240V至220V，既节省了用电又节省了综合用电器电压分接头有高挡调制中挡，相电压可由240V至220V，既节省了综合用电
××厂	2012	短网功率损耗/kW	45.35	91.30	优	提出以下节能措施：①降低短网接触电阻。②降低短网值及短网长度。在搭接部位涂导电膏。③尽量缩短短网的长度，短网的电阻与短网电抗与短网长度成正比。因此缩短短网长度可以明显减小短网的电阻和电抗，短网上涂敷散热材料

续表

企业名称	时间/年	指标名称	指标计算值	指标得分	等级	节能措施
××厂	2012	单位利润电力能耗/(kW·h/万元)	41196.02	76.08	良	提出以下节能措施：A) 余热发电。铁合金生产过程中一方面又大量的余热被排放掉，另一方面有消耗大量的电能，低品位余热转换为电能并回用于铁合金生产，可进一步降低铁合金生产能耗，节约能源。B) 用于热网水的加热。将锅炉余热充分利用，用来给用户供暖，一次减少或避免常规热网热加热器使用。C) 利用用烟气余热进行干燥，提高煤的干燥速度，节省了能源。煤干燥原料等工艺。煤的水分比较大，因此在使用时必须经过预干燥，可以利用在使用高耗能产品，生产1t 75%硅铁，可产生5%左右的硅渣，其中还有大量的金属碳化硅，在锰硅合金和高碳硅铁电炉上，返回使用炉渣，提高元素回收率，增加企业利润。③合理调整生活照明变压器电压分接头，相电压可由240V降至220V，既延长了灯具的使用寿命，又节省了厂综合用电，增加企业利润
××厂	2012	平均负荷率(%)	89.95	90.86	优	提出以下节能措施：①合理选择变压器的类型及规格。②压低高峰负荷和提高平均负荷，使两者之间的差别尽量减小
××厂	2012	平均功率因数	0.88	85.32	良	提出以下节能措施：①合理选择变压器容量。尽量避免变压器长时间处于超载状态。当变压器处在超载下工作才能满足负荷对变压器输送的有功功率的需要时，负荷及变压器均消耗大量的无功功率，此时变压器功率数非常低。②采取人工补偿方式。③提高自然功率因数，不添加任何补偿设备，对变压器无功功率进行补偿，提高变压器功率因数，通常安装移相电容器，调相机等设备。采取措施减少变压器中的无功功率的需要量，使变压器功率因数提高
××厂	2012	单位产品工序电力能耗/(kW·h/t)	8397.19	75.35	良	提出以下节能措施：①提高产品生产效率。②降低生产设备电耗。③实现厂用电器的系统自动化操作，通过计算机实时操作电器的实时开启和关闭，缩短开启和关闭时间，从而减少设备的耗电量。④加强电能计量的准确性
××厂	2012	电压变动限值(%)	3.55	88.08	良	提出以下节能措施：①尽量减少公用电网的故障。②降低用电设备对电压暂降的敏感度。③加装补偿装置。过调整内部某些环节参数解决
××厂	2012	电压偏差限值%	4.05	91.90	优	提出以下节能措施：①合理选择变压器的变比和电压分接头，使设备具备一定的抗暂降能力，或通过最大限度地降低供配电线路的阻抗。②最大限度地降低供配电线路的阻抗
××厂	2012	电动机功率因数	0.72	87.54	良	提出以下节能措施：①降低电动机摩擦损失，提高电动机综合使用效率。②采取人工补偿方式，对电动机无功率进行补偿。③提高功率因数，通常安装移相电容器，调相机等设备，提高功率因数，不添加任何补偿设备，采取措施减少电动机杂散损失。④降低电动机杂散损失。⑤定期对电动机进行检查维护，保证机组优化未减少电动机的附加杂散损耗。⑥降低对电动机摩擦损耗，模结构优化子和转子等进行数，提高电动机综合使用效率

续表

企业名称	时间/年	指标名称	指标计算值	指标得分	等级	节能措施
××厂	2012	矿热炉短网电阻/Ω	0.01	86.31	良	提出以下节能措施：①降低短网接触电阻，在搭接部位涂导电膏。②降低短网温升电阻，短网的电阻值及电抗与短网长度成正比。③尽量缩短短网的长度，在短网上涂敷散热材料。④减少电极把持器的接触电阻，将现在在短网把持器的空隙中
××厂	2012	单位产品综合电力能耗/(kW·h/t)	8857.14	76.19	良	提出以下节能措施：①提高产品生产效率，从而减少电器的耗电量。②实现厂用电器的系统自动化操作，通过计算机实时操作电器的实时开启和关闭，缩短开启和关闭时间，减少生产设备的生产用电。③降低生产电能耗。④降低辅助照明系统的耗电量。⑤加强技术监督，根据大修前后的实验结果制定较高的负荷率。⑥加强与电网调度部门的联系，减少机组的启停次数，尽量保证较高的负荷率
××厂	2012	冶炼电能利用率（%）	95.01	99.85	优	提出以下节能措施：①提高冶炼强度，重视高温冶炼性能及合理的炉料结构。②提高热风炉效率。③省动力消耗
××厂	2012	电弧炉热效率（%）	71.83	89.79	良	提出以下节能措施：①降低烟气带走的热量。②对排烟温度过高的电炉进行清炉、洗炉。③对过剩空气系数超标的电炉减少供风量，加强燃烧器运行管理，合理调整燃料油风比例，提高雾化效果，使炉膛负荷均匀。④采用全封闭技术，减少电炉热损失
××厂	2012	电弧炉功率因数	0.82	91.87	优	提出以下节能措施：①合理选择电炉容量，尽量避免电炉长时间处于超载状态。②采取人工补偿方式，对电炉无功功率进行补偿，提高电炉的功率因数
××厂	2012	合格率（%）	98.08	97.98	优	提出以下节能措施：①加强大机组的安全稳定运行。②进一步提高负荷预测的准确性
××厂	2012	单位产品间接电力能耗/(kW·h/t)	459.96	77.15	良	提出以下节能措施：①实现厂用电器的系统自动化操作，通过计算机实时操作电器的实时开启和关闭，缩短开启和关闭时间，将照明辅助变压器电压分接头，将生活照明变压器电压由高档调制中档，相电压可由240V降至220V，既延长了灯具的使用寿命，又节省了厂综合用电。③降低辅助照明系统的生产用电
××厂	2012	平均效率（%）	93.53	95.44	优	提出以下节能措施：①合理选择变压器容量。变压器传递功率过程中要产生损耗，分别是空载损耗和负载损耗，在确保变压器安全和可靠运行的基础上，要选用低损耗的变压器。变压器一般以为额定容量负荷率为经济、安全、可靠的状态下运行，因此，可靠运行最大需求量按最大需求量的50%～70%较合适。②合理选择供配电电压。一般在35kV及以上供电电网中，每提高电压1.2%，可降损1.0%，合理选择供配电电压可有效的降低配电能耗，从而提高变压器效率

续表

企业名称	时间/年	指标名称	指标计算值	指标得分	等级	节能措施
××厂	2012	电动机负载率(%)	64.95	74.76	中	提出以下节能措施：①合理选择电动机的容量。"大马拉小车"，轻载和空载运行情况将造成电动机自然功率因数偏低，耗用无功功率较大，损失电能增加。因此，要根据负载需要，合理选择电动机容量，使之与机械负载功率相匹配。②合理选择电动机使用电压。对供电线路检修方便、且起动转矩和过载能力要求不高的场合，适用低压异步电动机，能提高电动机使用效率。对供电线路远、电网容量有限、起动转矩高或要求过载能力较大的场合，应选用高压电动机，能够使整个拖动系统效率下降，使效率提高。③根据负荷合理运行电动机。对于轻负荷运行电动机，通常情况下：A）实行降压运行，负载率为75%～100%时电动机的效率最高。当负载率低于50%时，其效率大为降低。因此，当电动机轻载或空载运行时，降低电压可降低励磁电流，线圈损耗减小，功率因数提高，效率提高。这样，可降低损耗，无功功率相应降低。进相电能给电动机转子。B）采用高效的起动性能。生产实际中，其所需的供电电流。在相同负载水平下，其功率异步电动机转子串接进相机。进相电动机能给电动机转子。④进行电容补偿。对电动机进行电容就地补偿，达到节能的目的。⑤远离高功率因数不同相间的电压，从而可提高异步转子电动机电流 25%左右
××厂	2012	平均负载率(%)	83.98	86.03	良	提出以下节能措施：①合理选择变压器铁心绕组。变压器损耗中的空载损耗，主要发生在变压器铁心的叠片内，而空载损耗等于负载损耗时的负载率为最优，此时的负载率为变压器效率最高。②合理选择变压器容量。当变压器空载损耗和空载损耗叠加之和最小，主要是因文需的磁力线通过铁心产生的磁滞及涡流而带来的损耗。④合理选择变压器负荷，频率、硅钢片的厚度有关系。③合理选择变压器负荷，与最大磁通密度、频率、硅钢片的厚度有关系。③合理选择变压器负荷，变压器量得不到充分利用；另一方面需要变压器处于超负荷运行，合降低变压器寿命。⑤合理选择变压器负荷，变压器处于超负荷运行，合降低变压器寿命
××厂	2012	单位产值电力能耗/(kW·h/万元)	13626.37	93.68	优	提出以下节能措施：①炉渣回收再利用。硅铁是高耗能产品，生产 1t 75%硅铁，可产生 5%左右的硅渣，其中还有大量的金属和碳化硅，在锰硅合金和高碳铬铁操作，返回使用炉渣，可显著降低冶炼电耗，提高元素回收率，增加企业利润。②实现厂用电器件的系统自动化操作，通过计算机实时操作电器的实时开启和关闭，缩短开启和关闭时间，缩短计算机中性点与电气设备的耗电量和人力资源的浪费，增加企业利润
××厂	2012	短网电极加紧力/kg	3662.25	98.54	优	提出以下节能措施：①定期检查电极夹持点。②防止电极立柱发生的机械振动频率与电磁力振动频率接近或同步，使电极发生共振作用，导致电极疲劳折断。③定期检查二次短网电压互感器中性点与电炉炉底外壳的连接线及连通状况

7.3.3 分类指标评估

如上所述，能效评估的指标分为八大类，分类评估即对每一类指标，利用层次分析法分别确定相应指标的权重，再利用单指标评估计算出的指标得分，计算一类指标的总得分，最后给出八类指标的评估等级。指标对应的类型以及权重见表7-11。

表7-11 分类指标权重

指标名称	指标类别	指标权重（%）
电弧炉负荷率	矿炉	0.143
电弧炉功率因数	矿炉	0.275
电弧炉热效率	矿炉	0.188
高炉休风率	矿炉	0.071
电弧炉电极消耗	矿炉	0.062
冶炼电能利用率	矿炉	0.261
单位利润电力能耗	电力经济能耗	0.06
单位产值电力能耗	电力经济能耗	0.164
单位产品间接电力能耗	电力经济能耗	0.071
单位产品综合电力能耗	电力经济能耗	0.381
单位产品工序电力能耗	电力经济能耗	0.324
频率合格率	电能质量	0.355
电压变动限值	电能质量	0.184
电压偏差限值	电能质量	0.461
照明发光效率	电能-光能	1
线路损耗率	电力配送	1
电动机运行效率	电动机	0.202
电动机负载率	电动机	0.271
电动机功率因数	电动机	0.527
短网电极加紧力	短网	0.071
矿热炉短网电阻	短网	0.309
矿热炉短网电抗	短网	0.198
短网功率损耗	短网	0.422
功率因数	变压器	0.242
变压器负荷峰谷差率	变压器	0.082
变压器效率	变压器	0.327
变压器负荷率	变压器	0.207
变压器负载率	变压器	0.142

本次只列出2012年的分类指标评估结果，见表7-12。

表 7-12　　　　　　　　　　　　　　　　　分类指标评估结果

指标类别	得分	等级
电力经济能耗	78.85	良
电能-光能	92.86	优
电动机	82.85	良
电能质量	93.36	优
电力配送	86.86	良
矿炉	92.32	优
短网	86.74	良
变压器	88.46	良

7.3.4　综合评估

综合评估是能效评估的最终结果，基于分类指标评估的结果，再次利用层析分析法确定出八类指标的权重，计算出全厂的总得分，并给出等级。八类指标的权重见表 7-13。

表 7-13　　　　　　　　　　　　　　　　　综合评估指标权重

指标类别	电力经济能耗	电能-光能	电动机	电能质量	电力配送	矿炉	短网	变压器
权重（%）	0.163	0.004	0.073	0.031	0.103	0.201	0.198	0.227

根据八类指标各自的权重，乘以各自的得分并相加，最后得到高耗能企业的综合评估分值，并根据评估标准，得到对应的等级。××厂 2012 年全厂总得分为 86.92，评估等级为良，说明××厂总体能效利用水平良好，但在一些方面仍有节能潜力，后续，将对节能潜力进行分析。

7.3.5　节能潜力分析

基于上述××厂 2012 年能效指标评估结果，现对××厂进行节能潜力分析。分析结果如下：

冶炼厂电耗占总能耗的 87%，其主要消耗在变压器、矿炉、短网等设备上。因此，除对其进行合理操作、调度生产外，按照冶炼厂长期运行、设备休停时间短等特点，在冶炼厂生产运行过程中，从以下 12 个指标对××厂的节能潜力进行分析：

（1）变压器效率。××厂 2012 年厂变压器效率为 93.535%，与同行业最优运行效率 98%还有差距，具有很大的节能潜力。通过提升变压器效率 5.465%，按 2012 年综合用电（301+302）41 916.75 万 kW·h 计算，可节省 1871.583 万 kW·h 的电量，这些电量按照平均上网电价为 0.3 元/（kW·h）计算，可节省 561.475 万元。

（2）变压器负荷率。××厂 2012 年厂变压器负荷率为 89.954%，根据其运行实际情况，与同行业最优相比还有 5.046%的提升空间，按 2012 年综合用电 41 916.75 万 kW·h 计算，每提升 1 个百分点的变压器负荷率，可节电 31.357 万 kW·h，合计可节电 158.227 万 kW·h 的电量，这些电量按照平均上网电价为 0.3 元/（kW·h）计算，可节省 45.668 万元。

（3）电炉热效率。××厂 2012 年电炉热效率为 71.833%，与最优电炉生产热效率 80%相比，还有提升空间。××厂电炉供给热量为 3 801 346 456kJ，（供给热量/3600）等价于 105.593 万 kW·h

电量。这些电量按照平均上网电价为 0.3 元/（kW·h）计算，可节省 31.678 万元。

（4）矿炉负荷率。××厂 2012 年厂矿炉负荷率为 74.016%，与同行业最优 80%相比还有 5.984%的提升空间，按 2012 年矿炉冶炼电耗 39 749.435 万 kW·h 计算，可节省电量 2378.606 万 kW·h，这些电量按照平均上网电价为 0.3 元/（kW·h）计算，可节省 713.58 万元。

（5）矿炉电极消耗。××厂 2012 年厂矿炉电极消耗为 5.372kg/t，与同行业最优相比还有 0.372kg/t 的提升空间，按 2012 年产硅铁量 47 371t 计算，可节省电极 17 622.012kg，具有很大的节能潜力。

（6）短网功率损耗。××厂 2012 年短网功率损耗为 45.349 万 kW·h，与最优损耗 43 万 kW·h 相比有 2.349 万 kW·h 差距。按××厂 2012 年年运行 8000h 算，可节省电量 1.88 万 kW·h。这些电量按照平均上网电价为 0.3 元/（kW·h）计算，可节省 0.564 万元。

（7）电机运行效率。××厂 2012 年电机运行效率为 90.361%，与最优运行效率 95%相比还有 4.639%差距。按××厂 2012 年综合用电 41 916.75 万 kW·h 计算，可节省电量 1944.52 万 kW·h。这些电量按照平均上网电价为 0.3 元/（kW·h）计算，可节省 583.356 万元。

（8）线路损耗率。××厂 2012 年线路损耗率为 5.233%，与最优损耗 3%相比还有 2.233% 差距。按××厂 2012 年综合用电 41 916.75 万 kW·h 计算，可节省电量 936.001 万 kW·h。这些电量按照平均上网电价为 0.3 元/（kW·h）计算，可节省 280.8 万元。

（9）单位产品工序电力能耗。单位产品工序电力能耗是产品单位产量最直接的电力能耗，它反映了企业生产的技术水平。××厂 2012 年单位产品工序电耗为 8397.187kW·h/t，与同行最优单位产品工序能耗 8200kW·h/t 相比仍有 197.187kW·h/t 的差距。按 2012 年产硅铁量 47 371t 计算，可节省电量 934.095 万 kW·h。这些电量按照平均上网电价为 0.3 元/（kW·h）计算，可节省 280 万元。

（10）单位产品间接生产电力能耗。××厂 2012 年单位产品间接生产电力能耗为 459.96kW·h/t，与同行最优单位产品工序能耗 300kW·h/t 相比仍有 159.96kW·h/t 的差距。按 2012 年产 47 371t 计算，可节省电量 757.747 万 kW·h。这些电量按照平均上网电价为 0.3 元/（kW·h）计算，可节省 227.324 万元。

（11）单位产品综合电力能耗。××厂 2012 年单位产品综合电力能耗为 8857.14kW·h/t，与同行最优单位产品综合电力能耗为 8700kW·h/t 相比仍有的差距。按 2012 年产 47371t 计算，可节省电量 744.388 万 kW·h。这些电量按照平均上网电价为 0.3 元/（kW·h）计算，可节省 223.316 万元。

（12）单位产值综合电力能耗。××厂 2012 年单位产值综合电力能耗为 13 626.375kW·h/万元，与同行最优单位产品工序能耗 13 500kW·h/万元相比有 126.375kW·h/万元的差距。按 2012 年产值 30 791.15 万元计算，可节省电量 389.123 万 kW·h。这些电量按照平均上网电价为 0.3 元/（kW·h）计算，可节省 116.737 万元。

7.4 高载能企业节能量计算系统

1. 高载能企业节能量计算组件库

节能量计算组件库主要涉及节能量计算需要的能效数据组件，节能量指标组件等，节能量计算组件库中所有组件见表 7-14。

表 7-14　　　　　　　　　　　　　　节能量计算组件库

序号	组件名称	序号	组件名称
1	本期节电率组件	14	单位产值工序节电量组件
2	变压器改造节电量组件	15	提高电能利用率节电量组件
3	补偿标准组件	16	变压器改造节电量组件
4	产品间接生产节电量组件	17	短网改造节电量组件
5	产品节电率组件	18	升压改造节电量组件
6	产品生产冶炼节电量组件	19	无功补偿节电量组件
7	时间选择组件	20	本期节电量组件
8	节能量计算基础数据组件	21	累计节电率组件
9	产品综合节电量组件	22	产值节电率组件
10	单位利润节电量组件	23	产品节电率组件
11	产品生产冶炼节电量组件	24	最优生产节电率组件
12	产品间接生产节电量组件	25	补偿标准组件
13	单位产值综合节电量组件	26	节能补偿组件

2. 高载能企业节能量计算系统实现

基于综合集成技术和能效支持平台，采用应用系统的快速构建方式搭建高载能企业节能量计算系统，如图 7-9 所示，以××厂为例，对该厂的节能量进行计算，并计算所对应的节能补偿。

图 7-9　高载能企业节能量计算系统

（1）节能量计算数据录入。节能量计算数据是进行节能量计算的基础，该系统提供两种数据录入方式，一种是从 Excel 导入，另一种是手动输入，节能量数据录入界面如图 7-10 所示。

（2）节能量计算图表展示。通过单击图表展示组件，可实现能效指标的计算，节能量计算图表展示如图 7-11 所示。

（3）节能量计算。通过点击节能量计算系统中的各个节能量计算指标，可以计算出各个指标所对应的节能量，节能量计算如图 7-12 所示。

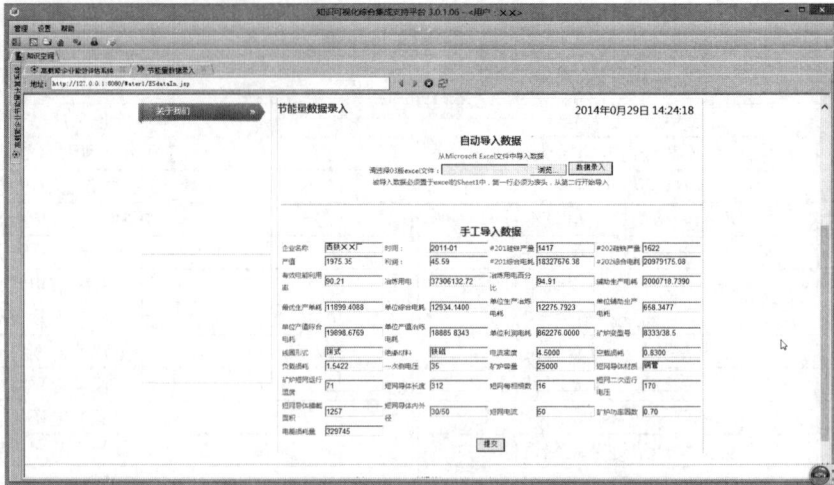

图 7-10　节能量数据录入界面

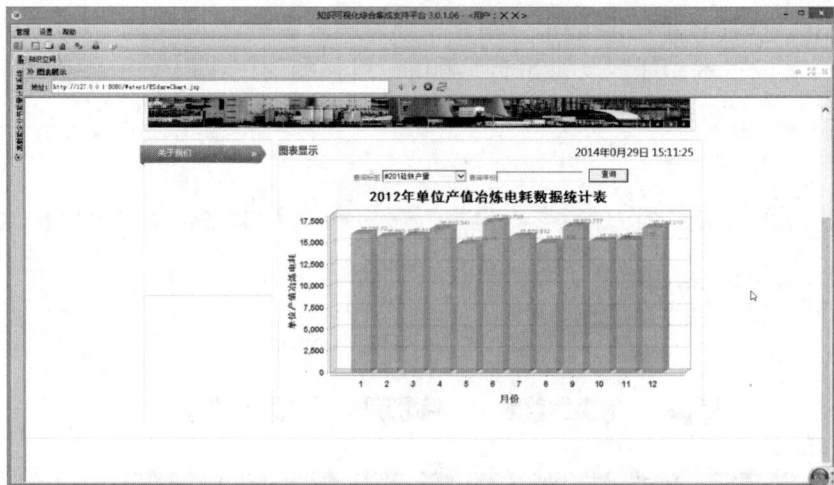

图 7-11　节能量计算图表展示

图 7-12　节能量计算

（4）节能补偿。系统提供节能补偿金额的计算，分为国家级补偿和省级补偿，如图 7-13 所示。

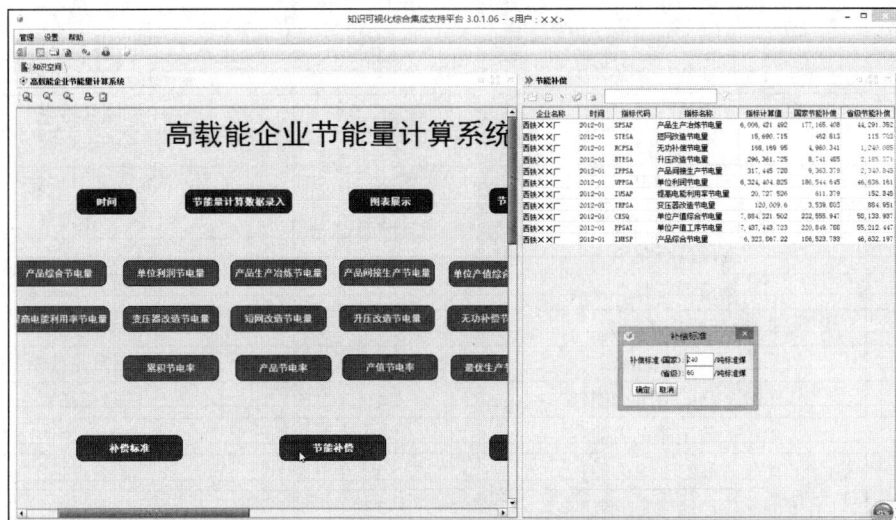

图 7-13　节能补偿

（5）节能分析报告。系统提供自动生成节能分析报告，如图 7-14 所示。

图 7-14　节能分析报告

7.5　高载能企业能效评估系统

1. 高载能企业能效评估组件库

能效评估组件库主要涉及能效评估所需的数据组件、模型组件、方法组件及评估组件，能效评估组件库见表 7-15。

表 7-15   能效评估组件库

序号	组件名称	序号	组件名称
1	时间选择	23	电弧炉热效率
2	基础数据	24	电压变动限值
3	能效评估边界条件	25	电压偏差限值
4	评估标准	26	频率合格率
5	指标权重	27	短网电极加紧力
6	分类权重	28	短网功率损耗
7	变压器负荷峰谷差率	29	高炉休风率
8	变压器负荷率	30	矿热炉短网电抗
9	变压器负载率	31	矿热炉短网电阻
10	变压器功率因数	32	冶炼电能利用率
11	变压器效率	33	照明发光效率
12	单位产品间接电力能耗	34	线路损耗率
13	单位产品工序电力能耗	35	变压器评估
14	单位产品综合电力能耗	36	矿炉评估
15	单位产值电力能耗	37	电动机评估
16	单位利润电力能耗	38	电力配送评估
17	电动机负载率	39	电力经济能耗评估
18	电动机功率因数	40	电能-光能评估
19	电动机运行效率	41	电能质量评估
20	电弧炉电极消耗	42	短网评估
21	电弧炉负荷率	43	单指标节能评估与措施
22	电弧炉功率因数	44	综合评估

2. 高载能企业能效评估系统实现

基于综合集成技术和能效支持平台，采用应用系统的快速构建方式搭建高载能企业能效评估系统，如图 7-15 所示。以××厂为例，进行能效单指标评估、分类评估、综合评估及节能潜力分析。

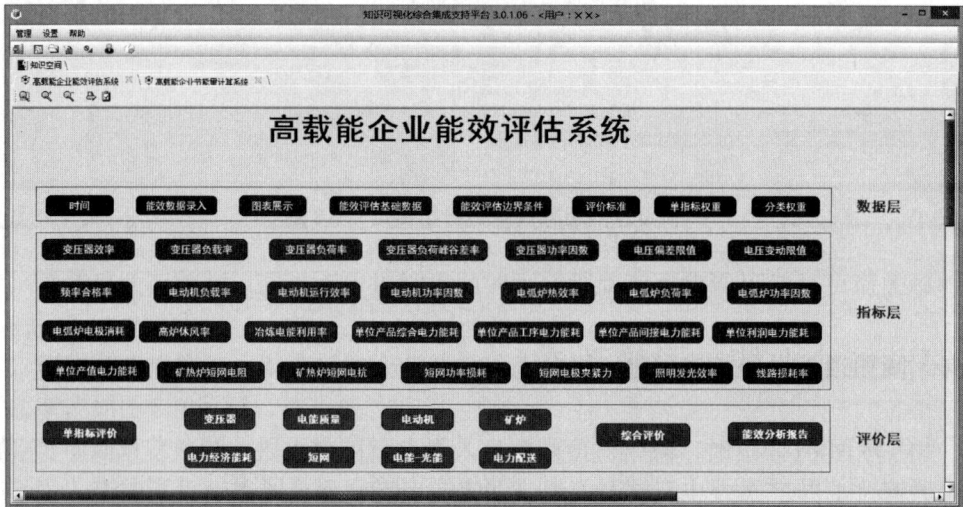

图 7-15 高载能企业能效评估系统

（1）能效评估数据录入及展示。主要提供能效评估所需的基础数据的录入及数据展示，如图 7-16 和图 7-17 所示。

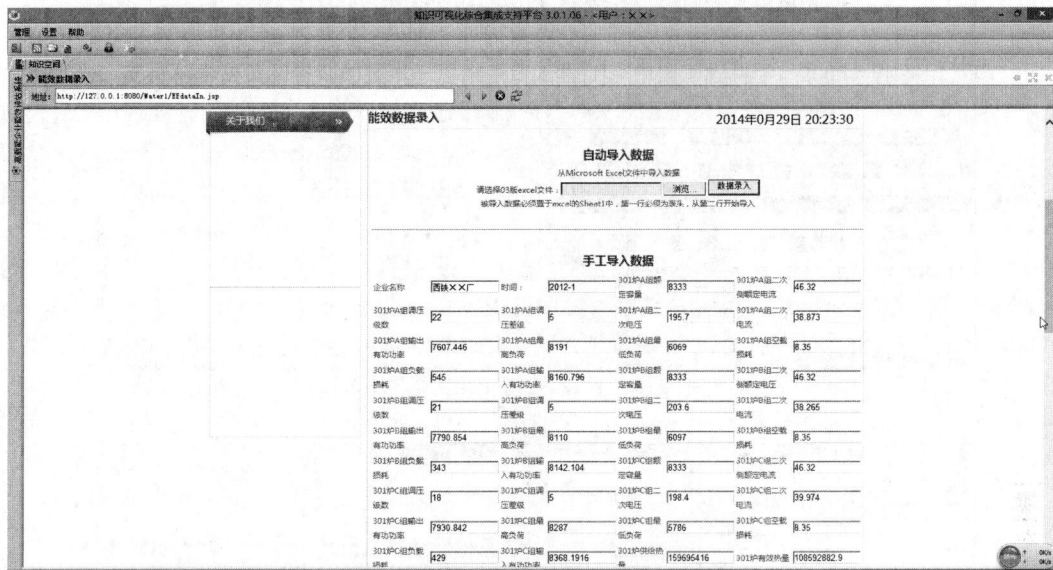

图 7-16　能效评估基础数据

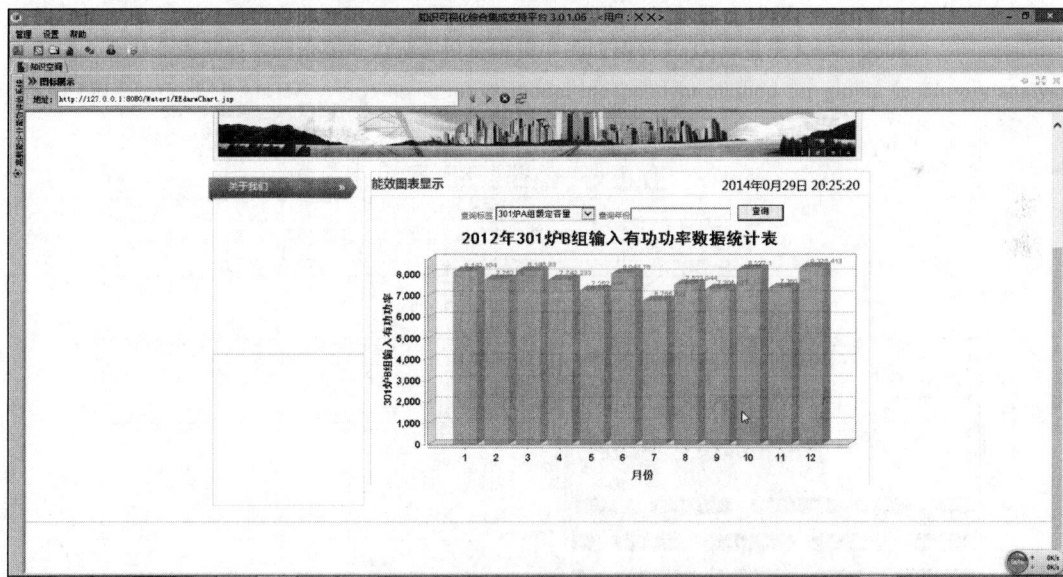

图 7-17　能效评估数据展示

（2）能效单指标计算。能效单指标计算中各个主要指标的值，如图 7-18 所示。

（3）能效单指标评估。能效单指标评估是对能效评估中涉及的每个指标分别进行评估，如图 7-19 所示。

（4）能效指标分类评估。分类评估主要是将指标分为 8 大类进行评估，如图 7-20 所示。

（5）能效指标综合评估。综合评估是对整个企业的能效进行评估，如图 7-21 所示。

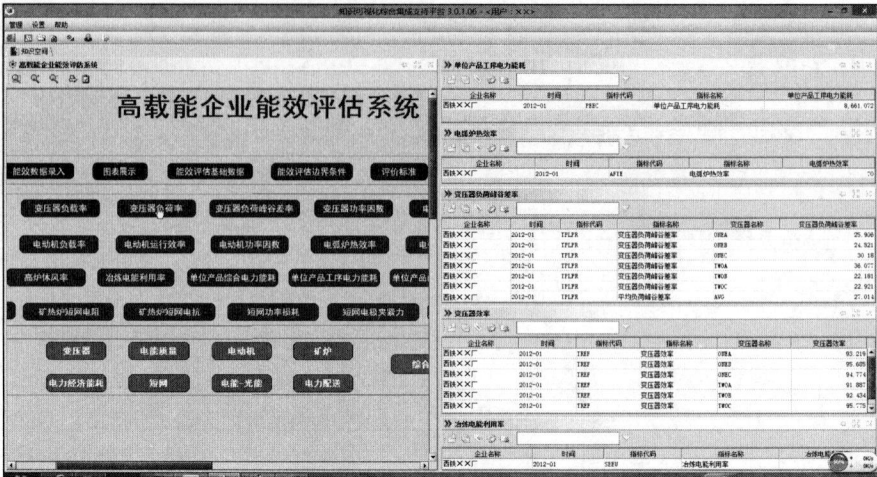

图 7-18　能效单指标计算

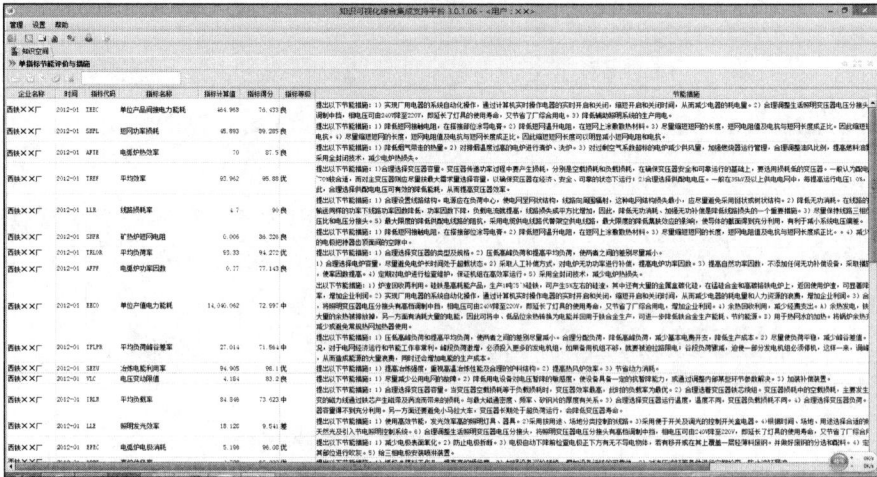

图 7-19　能效单指标评估

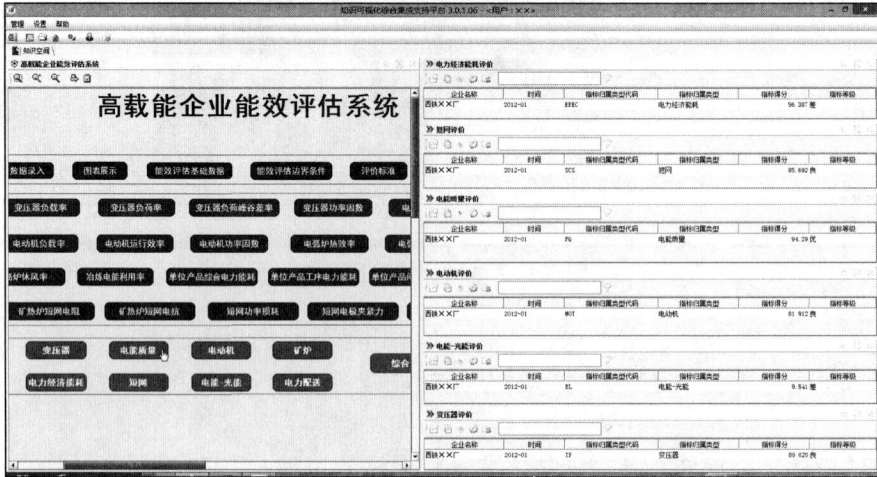

图 7-20　能效指标分类评估

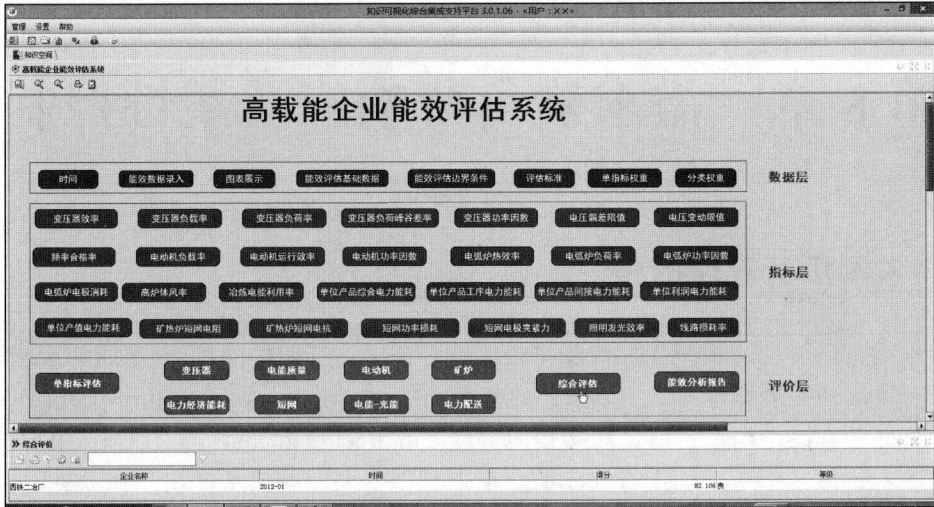

图 7-21　能效指标综合评估

（6）能效分析报告。能效分析报告提供能效分析报告的智能生成，如图 7-22 所示。

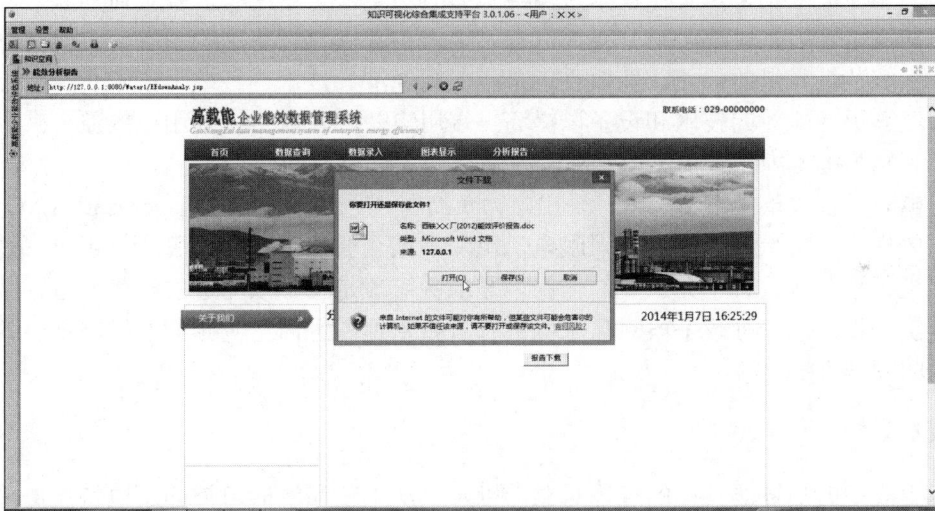

图 7-22　能效分析报告

第8章　需求侧负荷响应及柔性控制

8.1　需求侧负荷管理措施

随着电力市场放松管制步伐加快和需求侧管理在电力行业中的广泛深入，负荷管理内容和目标都有了新的拓展和延伸，主要有：直接负荷控制（direct load control，DLC），允许电力部门单方面控制终端用户负荷；间接负荷管理（indirect load control，ILC），用户根据电力公司提供的电价激励信号主动进行独立的负荷控制；就地能源储备，用户在低谷时段进行能源的储备而在高峰时间消耗。

需求侧负荷管理是指采用经济、技术、行政手段来控制电力系统负荷的增长速度及调整电力系统的负荷曲线以求得最佳经济效益，即通过有计划地指导和控制电力负荷的增长速度，指导负荷的调整，限制某些负荷在系统尖峰负荷时用电，尽量减小尖峰负荷的数值，使系统综合负荷曲线更平坦，以获得充分发挥已有发电设备及供电设备的利用率、缓解高峰用电压力、减少系统装机容量的效益。能效管理是指采用经济、技术、行政手段改变用户行为，使用户采用能够提高能效的技术和设备以提高终端用电效率，获得提高用电效益、减少用电损耗、缓解高峰用电压力、减少系统装机容量、减少污染排放的效益。

随着电力市场改革的不断深入，采用电力负荷管理系统（load management，LM）对建立正常的供电秩序，防止无计划的拉闸限电，保障重点企业和市政和居民生活用电，维护社会稳定，促进经济发展具有十分重要的作用。需求侧管理是一种以先进的技术设备为基础，依靠市场经济运作方式与行政手段对需求侧进行有效管理，进而达到预期的经济社会效益的一种综合性的管理方法。

8.1.1　技术手段

技术手段指的是针对具体的管理对象，以及生产工艺和生活习惯的用电特点，采用先进的节电技术和设备来改变用电方式或提高终端用电效率。电力需求侧负荷管理的技术手段主要可分为负荷整形技术和提高用户用电效率两方面。

1. 负荷整形技术

负荷整形技术就是根据系统的负荷特性，以某种方式改变用户的电力需求，减少负荷高峰用电、增加负荷低谷用电，以达到改变电力负荷需求、平缓负荷曲线、减少新增装机容量、节省电力建设投资、降低预期供电成本的目的。目前负荷整形主要有削峰、填谷、移峰填谷三种。

（1）削峰。在电网高峰负荷期减少用户的电力需求，平稳了系统负荷，也提高了电力系统运行的经济性和可靠性，降低了平均发电成本。削峰的控制手段主要有两个：一是直接负荷控制，按合同约定，针对塑性负荷；二是可中断负荷控制。直接负荷控制就是在电网峰荷时段，调度人员通过远动或负控装置随时控制用户终端用电的一种方法。直接负荷控制多于城乡居民用地控制，对其他用户以停电损失最小为原则进行排序控制。由于其为随机控制，大大降低了用户峰期用电的可靠性，给正常生产生活带来诸多不便。可中断负荷控制是由电力公司与用户签订可中断负荷合同，在电力系统紧急情况下电力公司可中断对用户的电力供应，但给予用户一定的经济补偿。可中断负荷利用用户的用电灵活性来缓解负荷高峰时的供电紧张状况，以避免或减少昂贵的旋转备用和满足用电需求增长而需要的发电容量投资，有利于电力系统的安全经济运行，削弱电力市场中市场势力的影响，抑制价格尖峰。

（2）填谷。填谷是就在电网负荷低谷区增加用户的电力需求，有利于启动空闲的发电容量，并使电网负荷趋于平稳，提高系统运行经济性，增加售电量，降低发电成本，适用于电网负荷峰谷差大的系统。

（3）移峰填谷。移峰填谷就是将电网高峰负荷的用电需求推移到低谷负荷时段，同时起到削峰填谷的双重作用。它既可以减少新增装机容量、充分利用闲置容量，又可优化负荷曲线，降低发、供电煤耗，其手段包括：对冷热蓄能设备停工优惠电价，鼓励电力设备的交替运行。能源替代技术就是将电和其他能源根据不同时段的负荷情况进行相互替代，以达到移峰填谷目的的。例如，在夏季尖峰的电网，夏季采用燃气或太阳能加热来代替电加热，在冬季采用电加热代替燃气或太阳能加热。

2. 提高终端用电效率

调高终端用电效率就是对用电设备和家用电器进行节电技术改造，在满足多元化服务的同时，节约用电、减少用电量消耗。例如，采用节能灯代替白炽灯，采用高效电冰箱、热水器、空调等电器，采用高导电、高导磁性能的电动机代替普通电动机，采用低铜铁损的高效变压器，采用无功就地补偿减少配电损失等。

8.1.2 经济手段

需求侧负荷管理的经济手段是根据负荷特性，发挥价格杠杆调节电力供求关系，刺激和鼓励用户改变消费行为和用电方式，减少电量消耗和电力需求。主要措施包括调整电价结构、需求侧竞价和直接经济激励，特点是重视需求方的选择权。用户可以根据激励性的经济手段主动响应，根据自身情况灵活选择用电方式、用电设备和用电时间，在为社会作出增益贡献的同时，也降低了自己的生产和生活成本，获得了一些效益，主要包括电价激励、直接刺激、用户教育、直接用户接触、商业联盟合作、广告宣传促销等。

1. 电价激励

电价激励是最常用的经济手段，通过改革电价结构，实施多种电价来对用户改变用电行为进行刺激，调动用户在削峰填谷移峰填谷方面的积极性。一般是通过峰谷分时电价、丰枯季节电价、阶梯电价等电价政策，引导用户合理避开用电高峰，尽可能在低谷时段用电，改善用电负荷特性。

（1）峰谷分时电价。电能产品的成本并不是一成不变的，是会随着时间变化而变化的。因为在一天之中，用电负荷会随着人们日常生活生产活动的变化而波动，为了保证供电可靠性，短期内，发电量与输电量要随之增加或减少，会增加相应的发电损耗和输电损耗，长期而言，发电容量输电容量要随着负荷的增长而增加，即增加新的发电设备输电设备，这些都使得不同时间电能产品的成本是不同的。峰谷分时电价是一种可以在相当程度上反映这种电能产品成本随昼夜时间变化而变化的电价，也就是根据一天之中电网的负荷变化情况将 24h 分成不同的时段，一般分为高峰、平段、低谷三个时段或者尖峰、高峰、平段、低谷四个时段，每个时段的电价不同，负荷越高，电价越高。峰谷分时电价比较好地体现了电能商品的价值规律，可以有效地刺激用户采取相应措施，缓解负荷高峰期供电紧张局面，同时增加负荷低谷期的用电需求，实现电力资源的合理配置，是较为有效的电力需求侧管理手段。

（2）丰枯季节电价。电能产品的成本不仅随昼夜时间变化而变化，也会随着季节变化而变化，例如水电厂在丰水期发电成本低而在枯水季节发电成本高，便导致电能产品成本发生变化，为了反映电能产品成本随季节变化而变化的电价成为季节电价，而丰枯季节电价便是其中最常见的一种。丰枯季节性电价反映的是在丰水期和枯水期生产传输电能成本的不同，也就是在丰水季节将销售电价适当调低而在枯水季节将其适当调高。丰枯季节电价可以有效地引导用户改变用电方式，调整用电结构，将一部分枯水期的负荷转移至丰水期，实现电力资源的合理配置。

（3）阶梯电价：由于居民用电的持续性，我们不能通过峰谷平电价的方式调整居民用电，为从实际上把节能引入居民中，我国结合国外经验提出了阶梯电价。"阶梯电价"全名为"阶梯式累进电价"，是指把户均用电量设置为若干个阶梯：第一阶梯为基数电力设施量，此阶梯内电量较少，每千瓦时电价也较低；第二阶梯电量较高，电价也较高一些；第三阶梯电量更多，电价也更高。随着户均消费电量的增长，每千瓦时电价逐级递增。由此可见，阶梯电价有利于人们树立"节能减排"意识。同时由于居民用电往往为峰期用电多，通过对居民用电的价格调控，亦可起到缓解高峰压力。

2. 直接刺激

直接刺激是通过减少购买设备所需的现金，或通过缩短回收期，即增加回报率来使需求侧管理投资有吸引力，从而增加其短期市场渗透。直接刺激还可减少用户选择那些历史上没有性能数据的需求侧管理的阻力，以及需要对建筑物做大量的改造或改变生活方式的那些需求侧管理的选择的阻力。直接刺激内容包括现金补助、买回规划、付账信用、低息或无息贷款。

3. 用户教育

在美国，大多数公司依靠某些形式的用户教育来促进用户对公司需求侧管理的理解。电力公司提供给用户描述需求侧管理规划的书籍或信息邮件，告诉用户电力公司可以为他们提供的产品和服务以及用户参加需求侧管理规划的合适的要求，以增加用户服务的感觉价值及对影响购电决策因素的了解，改善同用户之间的关系，促进用户参加需求侧管理。

4. 直接用户接触

直接用户接触技术是指为使用户更多地接受公司的需求侧管理，公司代表与用户进行面对面交谈。这项技术的主要优点是能使公司获得用户反馈信息，因此为公司了解用户的关注及其做出反应方面提供了机会，也能使公司进行更多的市场开发。

5. 商业联盟合作

商业联盟合作是指电力公司通过与其商业伙伴（如建筑承包商、用电设备批发零售公司等）进行合作，利用商业伙伴影响用户燃料及设备的选择以及设备的效率改进，帮助公司研究和实施需求侧管理。例如，商业伙伴可提供有价值的技术信息，帮助研究有关运行性能、尺寸和比较的标准；他们也可提供有关技术销售和货物量的市场数据；设备安装和售后服务商能够影响需求侧管理技术售量，并对设备安装和服务负责。

6. 广告宣传促销

电力公司可采用各种广告和促销技术。广告采用各种媒介给用户信息，说服用户接受电力需求侧管理。适合的广告媒介包括电视、广播、报纸、杂志、室外广告、微博、社交网络等。促销包括支持广告的活动，例如，新闻发布、名人推销、展览、示范、赠券、有奖竞赛等。

8.1.3　行政手段

电力需求侧管理的行政手段是指政府及其有关职能部门，通过法律、法规、制度、标准、政策等行政力量来规范引导电力消费和市场行为，创造一个有利于实施电力需求侧管理的环境。例如，加强电力市场的法制化管理，制定鼓励节电的政策条款，适度干预能效市场等。

1. 引导手段

相同的经济激励和同样的收益，用户可能出现不同的反应，关键在于引导手段。引导手段是通过节能知识宣传、信息发布、技术推广示范、政府示范等手段，引导用户知道如何用最少的资金获得最大的节能效果，提高对节电的接受和响应能力，并在使用电能的全过程中自觉挖掘节能的潜力。经验证明，引导手段时效长、成本低、活力强，是一种有效的市场手段，关键是选准引导方向和建立起引导信誉。主要的引导方式有两种：一种是把宣传信息通过各种媒介传递给用户，提高全民节能意识；另一种是与用户直接接触并提供各种能源服务，进行直接的消费引导。

2. 行政措施

行政手段是指政府及有关职能部门，通过出台行政法规、制定经济政策、扶持节能新技术、推行强制能源效率标准等措施规范电力消费和市场行为，推动全社会开展节能增效，实现资源节约、保护环境的目标所进行的管理活动。行政手段不是单纯的拉限电，政府大多数时候也不直接参与具有商业利益的运营活动，而是发挥策划、监督、调控能力和权威性、指导性、强制性优势，增强 DSM 市场导入能力，保障市场健康运转。

8.2　需求侧负荷响应

需求侧用户的响应行为主要体现在用电负荷的变化上。对峰谷分时电价下用户响应行为的建模是峰谷电价定价决策的前提和基础。对于峰谷分时电价实施具体效果的量化分析不应该只限于量化分析不同定价结构所带来的影响，还应该反映在用户模型参数的辨识上。如何准确拟合预测实施后电力用户的响应行为，并利用数据挖掘与量化分析技术求取用户响应模型参数的研究一直被忽视。

8.2.1　需求响应时段划分

需求响应峰谷时段科学合理的划分是峰谷分时电价的定价基础，必须正确地反映实际负荷曲线的峰谷特性与电力需求有效衔接，其作用不可忽视。由于计量条件的限制，传统分时表计及其抄表系统的时段区间难以灵活调整，一些地区至执行分时电价以来时段区间设置长年保持不变；进而有关峰谷时段划分的理论研究也积累较少。目前，峰谷时段划分尚缺乏成熟的理论模型和方法，现行已开展的关于时段划分方法的研究主要集中在以下两种途径：

（1）基于供电成本变化分析。以供电成本差异为峰谷时段划分原则，基于系统电源类型和装机容量优化，以峰荷、腰荷机组的突变点，即单位负荷发电成本增量的突变点，作为峰、平、谷时段的分界点。传统方法直接根据电源规划结果，确定峰谷时段。

（2）基于电力用户负荷曲线分布分析。基于负荷曲线分布分析，利用模糊半梯度隶属度函数方法，从负荷曲线上各点分别处于峰时段和谷时段的可能性入手，建立含有用户对分时电价反应度分析的分时电价模型，通过对该模型需求侧管理的目标函数进行优化，得到了最优化的峰谷时段划分及其相应的分时电价定价方法。

对图 8-1 所示负荷曲线的最高峰点和最低谷点进行讨论，分析各点处于尖峰谷的可能性，其基本的确定原则如下：曲线上最高峰点处于尖峰时段的可能性为 100%，最低谷点处于尖峰时段的可能性为 0；曲线上最低谷点处于谷时段的可能性为 100%，最高峰点处于谷时段的可能性为 0。

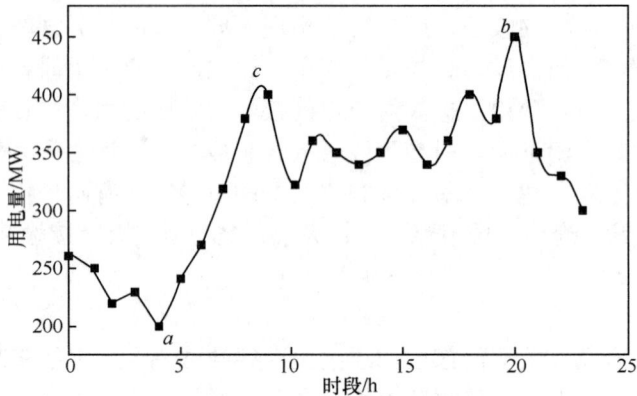

图 8-1　典型日负荷曲线

负荷曲线上其余各点处于尖峰时段和低谷时段的可能性可用半梯形隶属度函数来确定，半梯度隶属度函数曲线如图 8-2 所示。其中 a 点和 b 点分别表示负荷曲线的最高峰点和最低谷点。偏小型半梯形隶属度函数为 $A(x) = \dfrac{b-x}{b-a}$，偏大型半梯度隶属度函数为 $A(x) = \dfrac{x-a}{b-a}$。

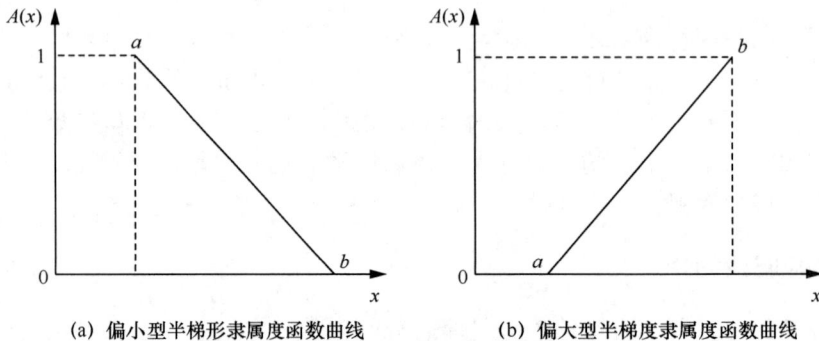

(a) 偏小型半梯形隶属度函数曲线　　(b) 偏大型半梯度隶属度函数曲线

图 8-2　半梯度隶属度函数曲线

例如，某点处于峰时段的可能性为 90%，则此点处于谷时段的可能性不可能高，此点很有可能就是峰时段的点；如果某点处于谷时段的可能性为 90%，则此点处于峰时段的可能性同样不可能高，此点很有可能就是谷时段的点；如果某点处于峰时段的可能性为 50%左右，则此点处于谷时段的可能性也有可能是 50%左右，此点很有可能是处于平时段。一般情况下，人为确定处于峰时段可能性为 70%，即处于谷时段可能性为 30%的点所在位置为峰时段和平时段的分界线；处于峰时段可能性为 30%，即处于谷时段可能性为 70%的点所在位置为平时段和谷时段的分界线。

根据供电成本变化特征划分峰谷时段，实现了峰谷分时电价向用户反映供电成本差异的价格职能，但对峰谷分时电价发挥价格杠杆作用，引导需求的价格职能缺乏考虑，采用模糊半梯度隶属度函数方法，考虑负荷曲线的分布特征进行时段划分，只需确定负荷曲线上各点相对于最高峰点与最低谷点的可比性，与其具体数值无关，便于实际应用。

8.2.2　需求响应过程计算

假设时段划分已经确定，即峰谷时段划分为：23:00～7:00 为谷时段，8:00～11:00 以及 18:00～23:00 为峰时段，7:00～8:00 以及 11:00～18:00 为平时段。系统平均售电电价为 0.4 元/(kW·h)，并将其设定为平时段电价。为研究方便，这里仅以系统中某类用户为例进行仿真。系统实测负荷是在 P_f 为 0.68 元/(kW·h)，P_p 为 0.4 元/(kW·h)，P_g 为 0.23 元/(kW·h) 电价结构下获取的。

运用原始数据进行仿真，所求出的基于负荷转移率的用户响应模型参数分别为：λ_{fg} 为 0.04，λ_{fp} 为 0.02，λ_{pg} 为 0.01。图 8-3 给出了三种总负荷曲线，其中包括实施峰谷分时电价前的原始负荷曲线 1，TOU 实施后的实测负荷曲线 2，以及运用最小二乘法所得到的拟合负荷曲线 3。

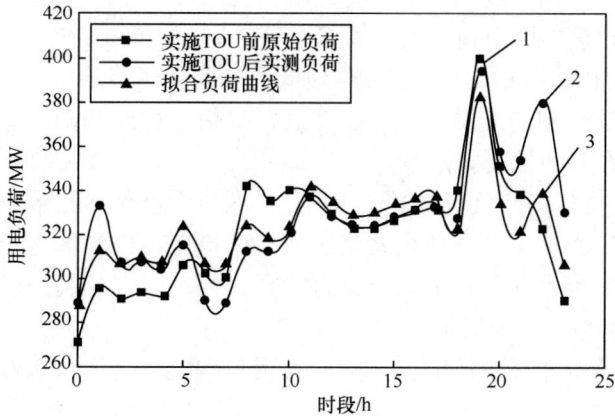

图 8-3　汇总日负荷曲线

图 8-4 为实施 TOU 前的原始负荷曲线 1 与拟合负荷曲线 3 对比结果，从图 8-3 和图 8-4 看出以下两点：

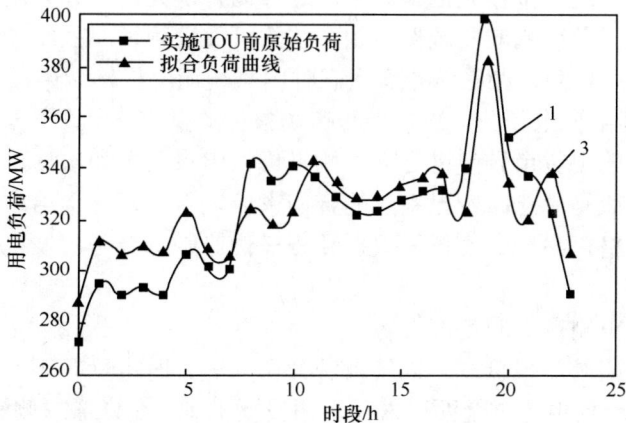

图 8-4　原始负荷与拟合曲线削峰填谷效果对比

（1）曲线 2 与曲线 3 在削峰填谷方面，显然要优于曲线 1。

（2）曲线 2 与曲线 3 非常逼近，从而验证了该方法的有效性。

8.2.3　需求侧管理机制

我国推广应用需求侧管理应该遵循"试点先行，不断完善"的思路，逐步建立健全的需求侧管理机制。要以开展需求侧管理活动较为活跃、电力消费大户集中、时段特征明显为标准，此类地区具备实施需求侧响应的条件，有利于需求侧管理实施模式的实践与推行。

建立需求侧管理机制可以从几个方面考虑：一是市场规则应该考虑使需求侧资源充分参与市场竞价；二是系统调度机构为保证系统运行可靠性，可以建立紧急状态需求侧响应机制；三是电网公司建立一系列负荷管理措施，使用户能够根据市场状况调整负荷，从而降低购电费，提高系统效率。结合我国电力市场的发展特点，可以考虑分三个阶段来发展和实施需求侧管理。

（1）深化推广峰谷分时电价，扩大可中断负荷和直接负荷控制试点范围。

我国电力市场建立初期，发展需求侧管理的重点应该以省电网公司为实施主体，在用户中推广峰谷电价、实行可中断负荷电价和直接负荷控制试点等工作。

1）深化推广峰谷电价。我国已经有部分地区开始实行了峰谷电价，应该对这些地区实行峰谷电价后对负荷率的影响情况展开调查，并进行评估，在此基础上研究并制订行之有效的峰谷电价确定方法，在其他地区推广。

2）扩大可中断负荷和直接负荷控制试点范围。我国一些地区已经安装了直接负荷控制系统，可以在这些地区试点，制订一些电费优惠或补偿措施，由地区电力调度中心在系统紧急状态或高峰负荷期，对可中断负荷或安装了直接负荷控制装置的用户断电，并对用户进行补偿，逐步改变以往行政性的拉闸限电方式。

（2）开展系统紧急状态需求侧响应方案，大用户和电网公司直接参与电能市场投标竞价的试点。

随着我国电力市场逐渐向多买方和多卖方的市场发展，可以在电力市场中开展系统紧急需求响应，并逐步开展大用户和配电公司直接参与电能市场竞价的试点。

1）开展系统紧急需求响应措施。调度机构在对实行可中断负荷和直接负荷控制的试点地区进行总结的基础上，进一步扩大范围对用户进行调查研究，研究并制订合理的计划，吸引能够改善系统可靠性的负荷响应资源参与到系统的可靠性管理。系统紧急需求响应是将需求侧资源作为系统的备用资源，在系统紧急状态时由系统调度机构调用，以提高系统可靠性。

2）开展大用户和部分电网公司直接参与市场投标的试点。允许参与市场竞争的大用户和电网公司在提前一天的现货市场中进行需求侧报价，申报电量和价格，表示愿意购买的电量和愿意支付的价格；或是愿意减少已签订的合同供应，将该资源卖给市场，申报愿意削减负荷的量以及相应的价格，系统调度机构根据经济最优原则综合考虑发电厂和需求侧的报价来安排调度计划。

（3）建立允许需求侧报价的竞价市场。

当电力市场中的需求侧报价试点以及电网公司开展分时电价等工作积累一定经验并取得成效时，应该在区域市场中考虑全面引入需求侧投标机制，允许需求侧资源在电能市场报价，并随着辅助服务市场的发展和完善，允许需求侧资源参与辅助服务市场的报价。同时，各电网公司应该适时在用户中开展分时电价、实时电价方案，使用户具有充分的选择权，根据市场价格对自身用电进行管理。

8.3　需求侧负荷柔性控制系统

针对负荷柔性控制的实际情况，采用组件封装技术将负荷柔性控制的阶段性策略、评估标准封装成组件并分类形成组件库[79-82]。负荷柔性控制系统的组件库见表 8-1。

表 8-1　　　　　　　　　　　　　　负荷柔性控制系统的组件库

序号	组件名称	序号	组件名称
1	原始负荷	8	削减标准
2	可转移负荷削减	9	可中断负荷控制
3	可削减负荷	10	光伏总负荷
4	高耗能负荷控制	11	风电总负荷
5	其他服务业负荷控制	12	风电时间选择
6	企业能耗	13	柔性控制总负荷
7	评估标准	14	负荷图

依托能效支持平台，采用应用系统的快速构建方式搭建需求侧负荷柔性控制系统，如图 8-5 所示。

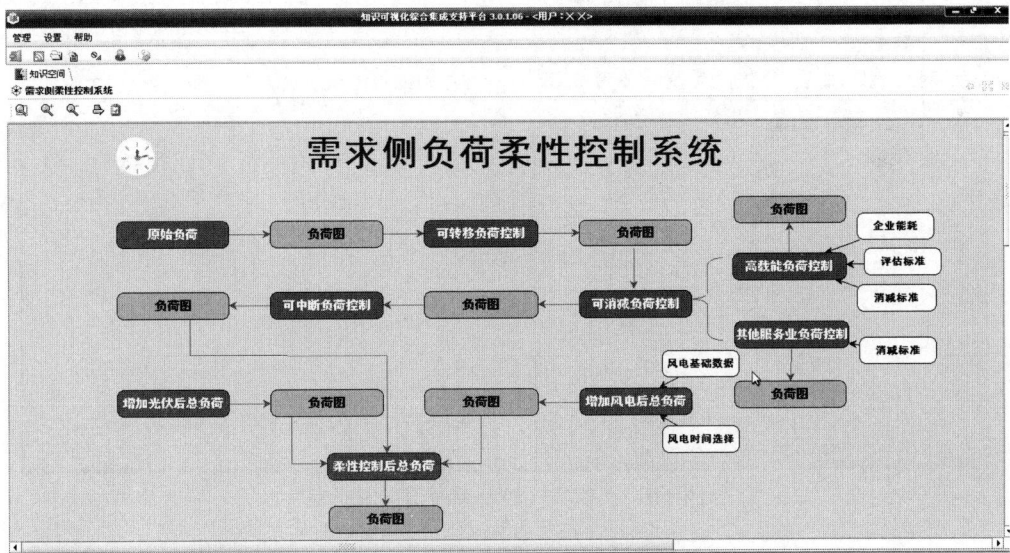

图 8-5　需求侧负荷柔性控制系统

基于需求侧负荷柔性控制系统，以某电网的实际用电负荷为例，针对不同类型负荷分别进行负荷柔性控制。

（1）电网原始数据录入。原始负荷数据是负荷控制的基础，该系统提供两种数据录入方式，一种是从 Excel 导入，另一种是手动输入，负荷柔性控制系统原始数据界面如图 8-6 所示，可根据实际电网需要选择控制时间。

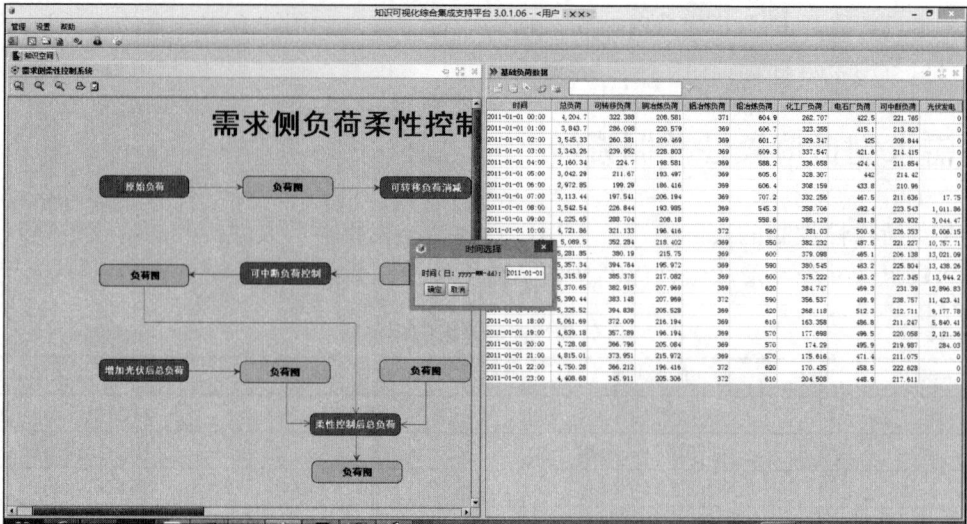

图 8-6　负荷柔性控制系统原始数据界面

负荷柔性控制系统原始总负荷如图 8-7 所示。

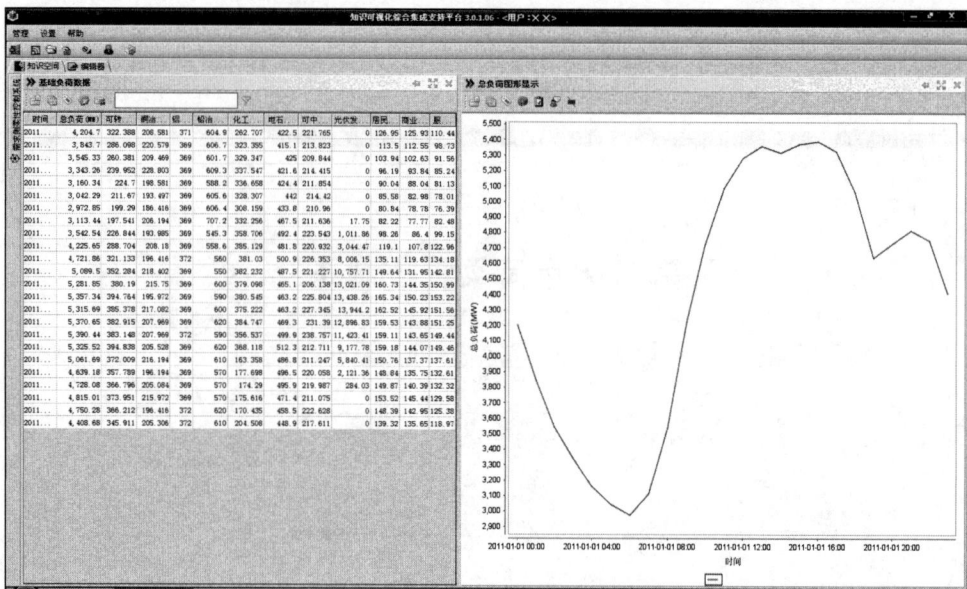

图 8-7　负荷柔性控制系统原始总负荷

（2）可转移负荷控制。通过点击控制界面的可转移负荷可实现可转移负荷的移峰填谷，如图 8-8 所示。

（3）可削减负荷控制。以高耗能企业能效比为依据，按照能效等级分级控制，灵活选择负荷削减率，如图 8-9 所示。

（4）可中断负荷控制。根据控制策略进入可中断负荷控制，如图 8-10 所示。

（5）引入新能源负荷控制，根据统计上来的光伏数据与风电数据完成总负荷控制，可生成对应的分析报告，如图 8-11 所示。

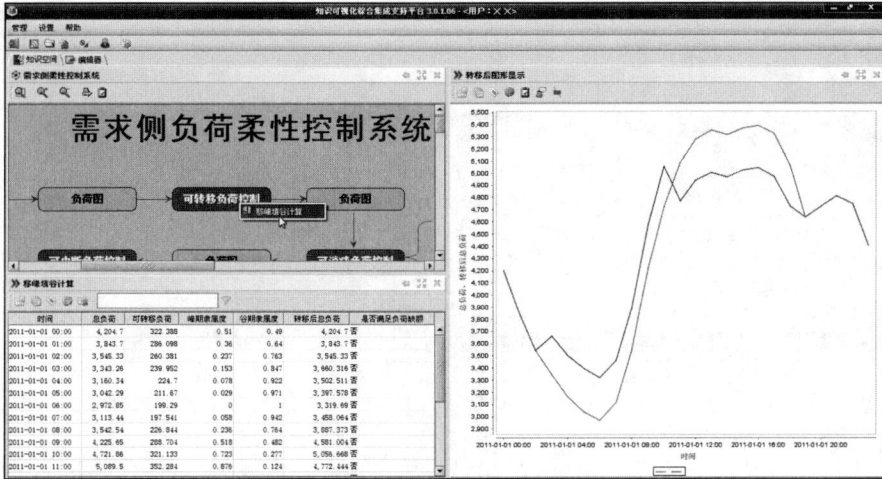

图 8-8　可转移负荷控制结果

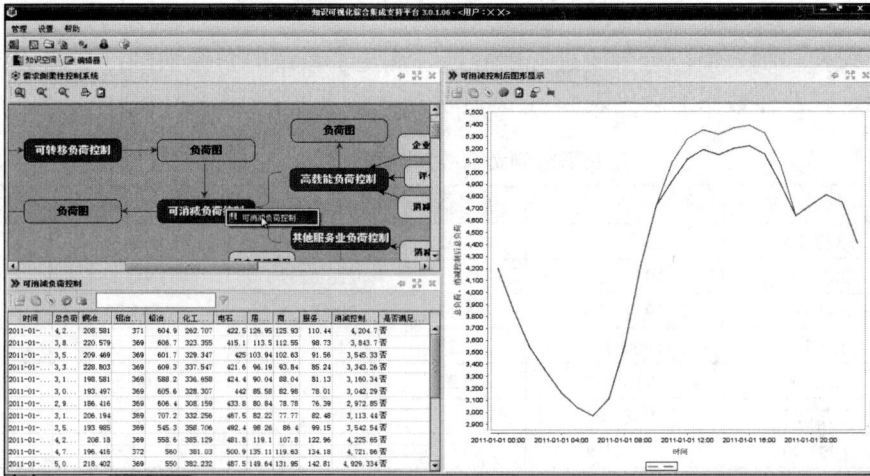

图 8-9　可削减负荷的汇总结果

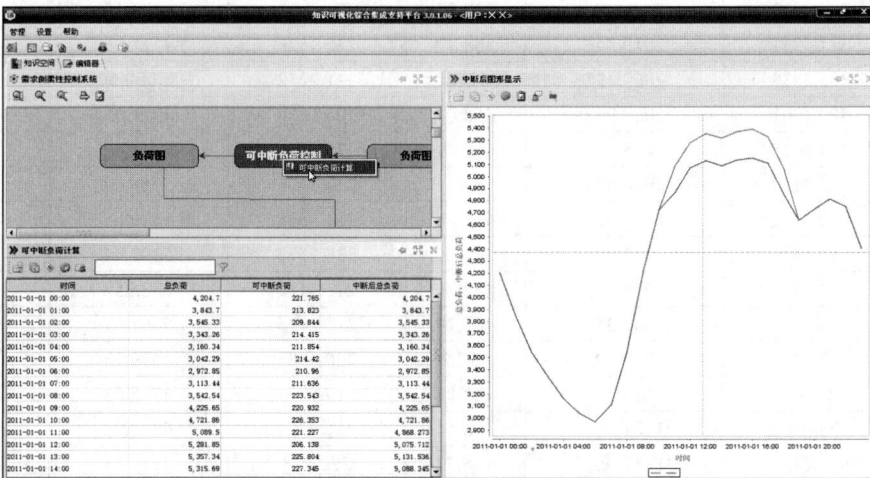

图 8-10　可中断负荷控制结果

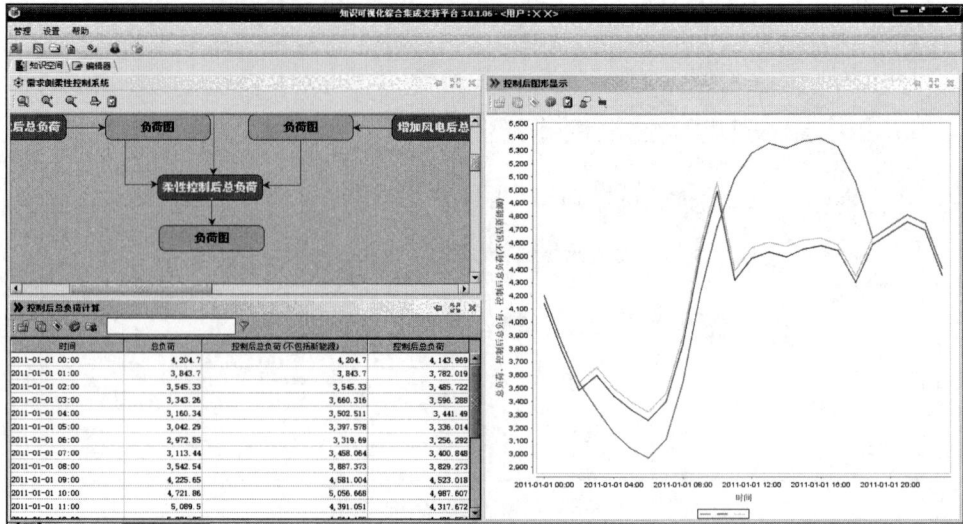

图 8-11　需求侧总负荷控制结果

　　综合阶段性控制效果，有效地进行削峰填谷满足了系统的负荷缺额，实现负荷控制系统的实际应用，其总体数据汇总见表 8-2，对比分析如图 8-12 所示。

表 8-2　　　　　　　　　　　　　负需求侧负荷控制数据汇总　　　　　　　　　　（单位：MW）

时间	可转移负荷	高耗能负荷	服务业	可中断负荷	地区总负荷	负荷控制后
0:00	322.388	1869.688	363.32	221.7646	4204.7	4143.97
1:00	286.0983	1934.733	324.78	213.8231	3843.7	3782.02
2:00	260.3812	1934.515	298.13	209.8438	3545.33	3485.72
3:00	239.9516	1966.249	275.27	214.4145	3343.26	3596.28
4:00	224.7004	1916.838	259.21	211.8542	3160.34	3441.5
5:00	211.6697	1938.404	246.57	214.4199	3042.29	3336.01
6:00	199.2904	1903.774	236.01	210.9597	3109.89	3256.29
7:00	197.5414	2082.149	242.47	211.6362	3113.44	3400.85
8:00	226.8435	1959.391	283.81	223.5426	3542.54	3829.27
9:00	288.7039	2002.71	349.86	220.9321	4225.65	4523.02
10:00	321.1331	2010.346	388.92	226.3528	4721.86	4987.61
11:00	352.2835	2007.135	424.4	221.2272	5089.5	4317.67
12:00	380.1901	2028.947	456.07	206.1379	5281.85	4486.57
13:00	394.7635	1998.716	468.79	225.8036	5357.34	4530.13
14:00	385.3779	2024.503	460	227.3453	5315.69	4493.85
15:00	382.9151	2051.017	454.66	231.3895	5370.65	4552.63
16:00	383.1479	2026.407	452.2	238.7572	5390.44	4582.29
17:00	394.8385	2074.946	452.71	212.7112	5325.52	4542.72
18:00	372.0086	1845.351	425.74	211.2475	5061.69	4301.28
19:00	357.7892	1809.392	417.2	220.0583	4639.18	4590.3
20:00	366.796	1814.274	422.58	219.9874	4728.08	4675.66
21:00	373.9507	1801.987	428.54	211.0752	4815.01	4760.76
22:00	366.2123	1817.351	416.72	222.628	4750.28	4697.88
23:00	345.9107	1840.714	393.94	217.6106	4408.68	4357.82

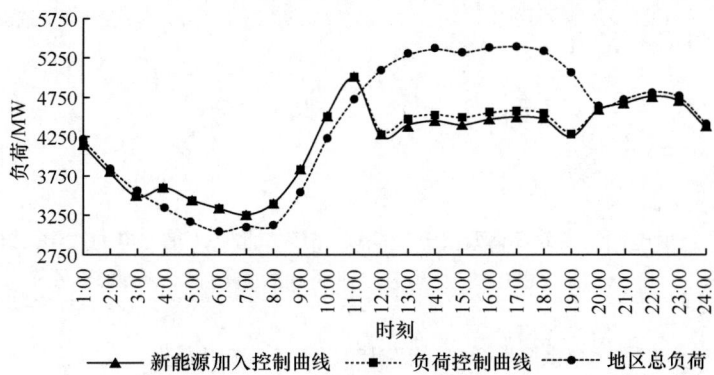

图 8-12　需求侧负荷控制效果对比分析

参 考 文 献

[1] 武慧敏. 某省重点用电行业能效评估及提升策略研究[D]. 北京：华北电力大学，2023.

[2] 孙艺敏. 工业用户能效评估与用电管理研究. 广西壮族自治区，广西电网公司电力科学研究院，
     2012-03-07.

[3] 张新森. 考虑综合能效的虚拟电厂运行规划策略[D]. 南京：东南大学，2022.

[4] 顾洁. 面向工业用电的能效评估方法与工具[J]. 大众用电，2023，38(11)：28-29.

[5] 杨军，张雪梅. 水电厂节能降耗的措施分析[J]. 湖北水力发电，2008(5)：69-72.

[6] 邓志红. 水电站节能降耗的探讨[J]. 中国水能及电气化，2010，(Z1)：53-54+58.

[7] 曾宪参，李玲娣. 水电站节能指标与提高动能经济效益的探讨[J]. 水电能源科学，1986(3)：256-262.

[8] 杜小凯，杨泽艳，方光达，等. 水电能源节能降耗初步研究[J]. 水力发电，2011(12)：1-4+12.

[9] CHENG C H，SHEN J J，WU X Y. Renewable and sustainable energy reviews[A]. Renewable and Sustainable
     Energy Reviews，2012，16(5).

[10] 沈磊. 采用标准耗水率指标推进水电厂经济运行[J]. 水力发电，1997(11)：47-48+61.

[11] 张军良，马光文，陆涛. 流域梯级水电站节能调度效益评价指标体系研究[J]. 华东电力，2009(5)：
      812-815.

[12] 刘述显. 火电机组节能管理研究[D]. 华北电力大学硕士学位论文，2008.

[13] 李蔚，刘长东，盛德仁，等. 国内火电厂运行优化系统的现状和在发展方向[J]. 电站系统工程，2004(1)：
      59-61.

[14] 居芳. 火电厂能耗与优化管理的研究[D]. 华北电力大学硕士学位论文，2006.

[15] 薛春伟. 水泥行业电力能效监测与评估系统研究[D]. 广西大学硕士学位论文，2012.

[16] 宋卫东，叶华艺. 浅谈电力需求侧管理与错峰用电[J]. 科技与管理，2006(1)：68-70.

[17] DIAN P，KORNELIS B，ERNST W，et al. Benchmarking the energy efficiency of Dutch industry：an
      assessment of the expected effect on energy consumption and CO_2 emissions[J]. Energy Policy，2002，30(8)：
      663-679.

[18] MARK A R. Improving the efficiency of electrical systems via exergy methods [J]. IEEE Canada Electrical
      Power Conference. 2007：467-472.

[19] 曾学敏，张万利. 水泥矿山对标管理探讨[J]. 中国水泥，2010(1)：91-95.

[20] 谢安国，陆钟武. 人工神经网络及在钢铁企业能耗分析中应用方法的研究[J]. 钢铁，1997，7(32)：60-63.

[21] 宋绍剑，薛春伟. 基于层次分析法的水泥企业电力能效评估[J]. 电力学报，2012(2)：154-157.

[22] 胡小梅，朱文华，王宇颖，等. 高能耗企业能效综合评估系统设计研究[J]. 计算机工程与设计，2009(17)：
      4081-4084.

[23] 王喜文. 新一代信息技术驱动绿色工业发展[J]. 中国战略性新兴产业，2017(9)：42-43.

[24] 朱帅，邝东海，高峰，等. 组件技术在电网调控一体化仿真中的应用[J]. 电工技术，2018(5)：36-39.

[25] 张刚，解建仓，罗军刚. 洪水预报模型组件化及应用[J]. 水利学报，2012，42(12)：1479-1486.

[26] 岳昆，王晓玲，周傲英. Web 服务核心支持技术研究综述[J]. 软件学报，2004，15(3)：428-434.

[27] 沈志刚，汪思敏，姜新功. 基于面向服务架构的企业信息安全体系设计[J]. 科技资讯，2013(3)：22-23.

[28] 戴汝为，沙飞. 复杂性问题研究综述：概念及研究方法[J]. 自然杂志，1995，17(2)：73-78.

[29] 钱学敏. 钱学森关于复杂系统与大成智慧的理论[J]. 西安交通大学学报（社会科学版）, 2004, 24(12): 51-57.

[30] 李耀东, 崔霞, 戴汝为. 综合集成研讨厅的理论框架、设计与实现[J]. 复杂系统与复杂性科学, 2004, 1(1): 27-32.

[31] 戴汝为. 支持科学决策和咨询的技术—思维系统工程[J]. 中国工程科学, 2005, 7(1): 17-20.

[32] 朱记伟, 解建仓, 张永进. 复杂问题的主题描述及决策模式研究[M]. 陕西: 陕西科学技术出版社, 2011.

[33] SMOLIAR S W. Book review of creative cognition [J]. Artificial Intelligence, 1995, 79(1): 183-196.

[34] 中华人民共和国水利行业标准. 水利信息处理平台技术规定: SL 538-2011 [S]. 北京: 中国水利水电出版社, 2011.

[35] 张永进, 解建仓, 蔡阳, 等. 对水利应用支撑平台的建议[J]. 水利信息化, 2011(1): 10-13.

[36] 陈俊杰. 中国电信 BOSS 系统的建设与研究[D]. 北京: 北京邮电大学, 2006.

[37] 解佗, 张刚, 武昕, 等. 面向水电厂能效评估主题的研究及应用[J]. 水利信息化, 2015(6): 42-47.

[38] 武昕, 张刚, 解佗, 等. 以用水工艺过程为主题的高效用水管理[J]. 水利信息化, 2016(1): 34-37+43.

[39] 陆建宇, 王安明, 吴剑锋. 华东电网水电调度节能减排措施[J]. 水电能源科学, 2008, 26(1): 168-170.

[40] 刘招, 黄强, 燕爱玲, 等. 公伯峡水电站节水增发考核方法研究[J]. 西安理工大学学报, 2006(4): 399-402.

[41] 白晓, 张昌斌. 火电厂节能减排设计的主要途径[J]. 电力勘测设计, 2008(5): 71-77.

[42] 殷永江. 火电厂锅炉节能减排技术探讨[J]. 机电信息, 2012(24): 95-96.

[43] 谭立锋. 火电厂节能降耗的分析与措施[J]. 内蒙古石油化工, 2012, 38(6): 70-71.

[44] 刘兴民. 火力发电厂节能降耗措施[J]. 中国石油和化工标准与质量, 2012, 32(S1): 170-171.

[45] 马芳礼. 电厂热力系统节能分析原理[M]. 北京: 水利电力出版社, 1992.

[46] 王建. 全寿命周期成本理论在电力设备投资决策中的应用研究[D]. 重庆大学, 2008.

[47] SALTELLI A, TARANTOLA S.A quantitative model-independent method for global sensitivity analysis of model output [J]. Technometrics, 1999.39-56.

[48] 时云洪, 黎智, 徐星, 等. 浅谈全寿命周期的导线截面选择[J]. 中国电业技术版, 2012(12): 61-64.

[49] 袁刚. 基于全寿命周期的输电线路设计分析[J]. 科技创业家, 2012(19): 117-118.

[50] 陈天伍. 全寿命低压线路设计改造技术探索与应用[J]. 中国电力教育, 2013(33): 233-234.

[51] 敬捷. 输电线路的全寿命周期设计探讨[J]. 低碳世界, 2014(3): 92-93.

[52] 孙铁雷. 全寿命分析在输电线路导线选型中的应用[J]. 科技与企业, 2014(16): 426.

[53] 卓毅. 浅议输电线路的全寿命周期设计相关问题[J]. 科技创新与应用, 2014(18): 148.

[54] 刘亮, 胡松, 唐波, 等. 基于全寿命周期的输电线路设计[J]. 三峡大学学报（自然科学版）, 2014, 36(2): 41-45.

[55] 蔡波. 用全寿命周期成本法选择地铁变压器[J]. 电气化铁道, 2005(5): 35-40.

[56] 马骏, 韩天祥, 姚明, 等. 泰和变电站 220kV GIS 设备改造 LCC 计算后评估研究[J]. 华东电力, 2005(12): 15-19.

[57] 赵宏, 卢永平, 马维清, 等. 基于 LCC 的断路器可靠性分析[J]. 现代电力, 2009, 26(5): 89-92.

[58] 杜永平, 李泓泽, 赵宏, 等. 高压断路器大修与技改项目的优选[J]. 安徽电气工程职业技术学院学报, 2010, 15(1): 1-7.

[59] 林东海. 220kV 变压器全寿命周期成本建模方法研究[D]. 华侨大学, 2013.

[60] 宋宛净, 姚建刚, 汪觉恒, 等. 全寿命周期成本理论在主变压器选择中的应用[J]. 电力系统及其自动化学报, 2012, 24(6): 111-116.

[61] 江修波, 吴文宣, 陈祥伟. 变压器全寿命周期成本的建模研究[J]. 福州大学学报（自然科学版）, 2012,

40(3)：357-361.

[62] 解佗. 电网变电设备选型决策方法研究及仿真系统实现[D]. 西安：西安理工大学，2016.

[63] 何志俭. 变压器全寿命周期成本优化的研究[D]. 保定：华北电力大学，2011.

[64] 夏成军，邱桂华，黄冬燕，等. 电力变压器全寿命周期成本模型及灵敏度分析[J]. 华东电力，2012，40(1)：26-30.

[65] 吴明宇，何志俭，李宝树，等. 基于变电站全寿命周期成本的变压器容量选择[J]. 陕西电力，2011，39(5)：63-66.

[66] 沈泓. 基于全寿命成本的输电线路设计方法[D]. 北京：华北电力大学，2009.

[67] 卞荣. 全寿命理论在宁海电厂-苍岩线路导线选型中的应用[J]. 浙江电力，2010，29(9)：11-14.

[68] 邹芹，汤胜. 输电线路全寿命周期成本估算[J]. 湖北电力，2010，34(5)：43-44.

[69] 刘剑，张勇，杜志叶，等. 交流输电线路设计中的全寿命周期成本敏感度分析[J]. 高电压技术，2010，36(6)：1554-1559.

[70] 解佗，张刚，刘福潮，等. 企业节能量计算方法分析及应用[J]. 陕西电力，2015，43(1)：77-81.

[71] 杨列銮，解佗，张刚，等. 基于物元综合评价法的高耗能企业电力能效评价[J]. 电力科技与环保，2014，30(6)：44-47.

[72] 罗耀明，李帆，姚建刚，等. 基于递阶综合评价模型的电力用户能效评估系统[J]. 微计算机信息，2011，27(2)：69-71.

[73] ELEFTHERIOS A，MANINA T，PAVLOS G. Energy efficient transformer selection implementing life cycle costs and environmental externalities[C]. Barcolona: The 9th International conference Electrical power Quality and Utilisation，2007：9-11.

[74] ZHOU H，ZHANG JH，FANG BH. Life cycle cost of planning and design of ±660kV DC transmission lines [C]. Hong Kong: The 8th International Conference on Advances in Power System Control，Operation and Management，2009：1-4.

[75] Kennedy James，Eberhart Russell. Particle swarm optimization[C]. Perth: Proceedings of the IEEE International Conference on Neural Networks. 1995：42-48.

[76] Zhou P，ANG BW. Linear programming models for measuring economy-wide energy efficiency performance [J]. Energy Policy，2008，36(8)：2911-2916.

[77] 候光辉，邱仕麟. 能效对标是电解铝行业实现节能减排的重要途径[J]. 轻金属，2011(8)：143-148.

[78] Vincent Debusschere，Bernard Multon，Ben Ahmed，et al. Minimization of life cycle energy cost of a single-phase induction motor[C]. IEEE International Electric Machines and Drives Conference，2009：1441-1448.

[79] 杨志荣，劳德荣. 需求方管理（DSM）及其应用[M]. 北京：中国电力出版社，1999.

[80] STRBAC G，KIRSCHEN D. Assessing the competitiveness of demand-side bidding[J]. IEEE Transactions on Power Systems，1999，14(1)：120-125.

[81] 杨晓梅，张勇，王治华. 配电管理系统中的需求侧管理[J]. 电力需求侧管理. 2002(1)：20-23.

[82] 曾鸣，孙听，张启平，等. 我国电力需求侧管理的激励机制及政策建议[J]. 电力需求侧管理. 2003(2)：3-6.